平面问题的时域边界元法

雷卫东　李宏军　编著

北　京

冶金工业出版社

2023

内 容 提 要

本书是学习时域边界元法的入门书籍。本书共 4 章，主要内容包括：第 1 章对边界元法的背景和意义、发展过程、研究现状进行了系统阐述；第 2 章介绍边界元法用到的数学和力学理论，为后续章节奠定基础；第 3 章和第 4 章分别介绍了弹性动力学问题的时域边界元法和弹塑性动力学问题时域边界元法。第 4 章内容需要以第 3 章内容为基础，更侧重塑性相关的内容介绍。

本书既可以作为土木、水利等专业的研究生阶段或工程力学专业本科阶段的教材，也可作为对时域边界元法感兴趣的工程技术和科研人员的参考书。

图书在版编目（CIP）数据

平面问题的时域边界元法／雷卫东，李宏军编著 . —北京：冶金工业出版社，2022.1（2023.1 重印）

ISBN 978-7-5024-9065-2

Ⅰ. ①平…　Ⅱ. ①雷…　②李…　Ⅲ. ①边界元法—应用—力学—研究
Ⅳ. ①O241.82　②O3

中国版本图书馆 CIP 数据核字（2022）第 025884 号

平面问题的时域边界元法

出版发行	冶金工业出版社	电　话	（010）64027926
地　　址	北京市东城区嵩祝院北巷 39 号	邮　编	100009
网　　址	www.mip1953.com	电子信箱	service@ mip1953.com

责任编辑　戈　兰　郭雅欣　美术编辑　彭子赫　版式设计　孙跃红
责任校对　石　静　责任印制　窦　唯
北京虎彩文化传播有限公司印刷
2022 年 1 月第 1 版，2023 年 1 月第 2 次印刷
710mm×1000mm　1/16；9 印张；170 千字；133 页
定价 69.00 元

投稿电话　（010）64027932　投稿信箱　tougao@cnmip.com.cn
营销中心电话　（010）64044283
冶金工业出版社天猫旗舰店　yjgycbs.tmall.com
（本书如有印装质量问题，本社营销中心负责退换）

前　言

　　时域边界元法是一种直接边界元法，采用弹性动力学问题的基本解，在时域内求解微分方程，所求未知量具有实际物理意义。弹性问题时域边界元法只需对边界进行数值处理，使问题的空间维度降低一维，且基本解在域内严格满足问题的偏微分方程，因而具有数值化程度低、精度高的特点，尤其适合具有无限边界和半无限边界的开域问题。弹塑性问题尚需要对屈服区域数值处理，对于一般工程问题，屈服范围较小，相对其他需要全域数值处理的数值方法，仍具有较大优势。正因为时域边界元法的这些固有优势，掌握这一方法对处理工程问题将会有更好的选择。

　　本书是学习时域边界元法的入门书籍，为读者采用时域边界元法处理复杂工程问题奠定基础，因此侧重基本概念、基本原理和基本方法的介绍。本书是基于编者对时域边界元法的多年积累，其中的奇异积分处理、初应变法边界积分方程的建立和弹塑性求解方法是本书特色。由于时域边界元法采用的基本解形式复杂，奇异性处理过程繁琐，编者在内容安排上力求简明扼要，又不失理论上的连续性，使读者在研读本书时能较为顺畅地掌握时域边界元法基本理论。

　　在本书编写过程中，哈尔滨工业大学（深圳）凡友华教授和博士研究生秦晓飞提出了宝贵意见，河北农业大学教授刘燕和硕士研究生李立辉给予了热情帮助。本书的第 2 章部分内容参考了河海大学姜弘道教授编著的《弹性力学问题的边界元法》一书。本书的出版得到了国家自然科学基金项目（51778193）的资助，在此一并表示衷心感谢。

　　限于编者水平，书中如有不妥之处，请读者不吝指正。

编　者

2021 年 12 月

目　　录

1 绪 论

1.1 边界元法的背景和意义

很多科学问题和工程问题的分析可以归结为在给定边界条件（有时还有初始条件）下求解微分方程（组）或偏微分方程（组），这类问题可以采用解析法、半解析半数值法和数值法求解。仅有为数不多的经典问题可以采用解析法或半解析半数值法求解，大量实际问题，尤其是实际工程问题，只能采用数值法求解，因此，科学与工程技术人员极为重视数值法。

较为常用的数值法有有限元法、边界元法和差分法，这三种方法在实际工程中应用较为广泛，尤其是有限元法，通过剖分、插值将物理模型离散化，再用变分原理或加权余量法建立控制方程，既有坚实的理论基础，又便于采用计算机进行大量的数值运算，是一种极其有效的通用数值法。有限元法的主要优点是：便于处理复杂的边界条件和复杂结构；能够处理温度场、渗流场、位移场等各类问题的耦合问题；适合处理不均匀材料及各向异性材料的问题；可以处理各类几何非线性及材料非线性问题；方便编制通用程序，进行上机计算。

由于这些优点，有限元法自 1956 年第一篇文献[1]问世以来发展迅速，现已达到很高的水平，并有了广泛的应用，取得了很好的效果。但是必须指出，有限元法在下列几方面尚有待改进：需要将整个区域离散化，使得未知数多、计算量大，上机前的准备和成果整理工作量很大；对于无限域问题，通常只能截取有限域进行分析而产生误差；对于应力集中或应力奇异性问题，例如孔边应力集中、裂缝尖端应力等，计算结果依赖网格划分，稳定性差；最经常使用的有限元位移法，其应力在单元内并不满足平衡微分方程，在单元交界面上不连续。

在有限元法中已经有许多研究成果试图解决上述几方面的问题，并已取得了较好的效果。例如，不少程序具有较完善的前、后处理的功能和强大的计算程序；发展了无限元、比例边界有限法和施加人工边界以解决无限域的分析问题；发展了各种奇异单元以解决应力奇异性的问题；发展了杂交应力单元，使得应力在单元内满足平衡微分方程等。但是，至今还没有一种办法能统一解决上述各方面的问题。而边界元法可以在一定程度上统一解决这些问题。

边界元法（BEM），实际上就是边界积分方程（BIE）的数值解法，是在有限元法之后发展起来，现已成为工程中广泛应用的一种有效的数值分析方法。在弹性问题中，它的最大特点就是降低了问题的维数，只离散边界，并以边界未知量作为基本未知量，节约了机时，而域内未知量可以只在需要时根据边界未知量求出，减少了上机前的准备和成果整理工作量。由于边界元法所采用的基本解在域内和无限远处精确满足微分方程（组），特别适合无限域问题，因此，相对有限元法来说，其解具有较高的精度。同时在一些领域里，例如线弹性体的应力集中问题，应力有奇异性的弹性裂纹问题，考虑脆性材料中裂纹扩展的结构软化分析，局部进入塑性的弹塑性局部应力问题以及弹性接触问题等，边界元法已被公认比有限元法更有效。正因为这些特点，边界元法受到了力学界、应用数学界及许多工程领域的研究人员的广泛重视。其基本思路是：

（1）建立边界积分方程。将常微分方程（组）或偏微分方程（组）的定解问题化为边界积分方程的定解问题。

（2）数值离散。将边界离散化为有限个边界元集合，在每个边界元上，通过插值将待定函数用其结点值表示，于是边界积分方程化为了以单元积分为系数的代数方程组。

（3）求解系数矩阵。求解各单元积分，并组装得到代数方程组的系数矩阵。

（4）结合边界条件求解上述代数方程组，得待定函数的边界结点未知量。

（5）进一步求出区域内任意指定点的待定函数的值。

从以上步骤可以看出，其中第（1）步是应用边界元法的基础，第（2）和（3）步是核心，总体上类似于有限元法。为了实现将微分方程的定解问题化为边界积分方程的定解问题，可以采用加权余量法、互等定理等建立边界积分方程，这将在后续章节详细给出。

根据边界积分方程中未知函数的不同，边界元法可以分为直接法和间接法两种。在间接法中，边界积分方程中的未知函数并不是待定函数本身，而是作用在所考察区域边界相应线（面）上的某种虚拟分布量，边界积分方程建立了待定函数的边界值、区域值与上述虚拟分布量之间的关系，一旦相应线（面）上虚拟的分布量被确定下来，待定函数的边界值及区域值也随之确定。由于所研究问题的待定函数本身并不是求解的未知函数，待定函数是通过先解出虚拟分布量后间接解得，故称为间接法。在直接法中，边界积分方程中的未知函数是所研究问题的待定函数在区域边界上的值，边界积分方程建立了待定函数在区域内的值与边界上的值之间的关系，一旦待定函数的边界值全部确定，其区域内的值也随之确定。由于所研究问题待定函数本身就是求解的未知函数，故称为直接法。由于间接法方程中的未知量没有物理意义，导致与其他数值方法难以直接耦合。而直接法中的未知量有明确的物理含义，方便与其他数值方法耦合。本书只介绍直接边界元法。

当然，边界元法也存在一些缺点，如基本解的数学形式及单元积分的奇异性处理较为复杂，且在编制程序前需要进行大量繁琐的公式推导，也无法用于尚未得到基本解的问题等，这些问题都在一定程度上制约了边界元的发展。即便如此，边界元法还是凭借其优点广泛应用在波的传播、断裂力学、接触问题、粘弹塑性、振动问题、电磁场、流体力学、渗流力学、生物力学及等离子运动等广阔领域，并取得了丰富的成果。

1.2　边界元法的发展历史

对边界元法研究始于 20 世纪五六十年代，但边界元法的形成过程却有漫长的历史。边界元法的发展可分为理论奠基与萌芽期、方法完善与初步应用期和理论完善与广泛应用期。

理论奠基与萌芽期（1828~1978 年）：早在 1828 年，Green 就针对位势问题提出了 Green 等式[2]，采用边界积分来表达问题的解，在当时几乎无人理解这一成果的重要意义。1848 年，Kelven 求解了集中力作用在无限大物体内一点上的问题[3]，这一解答被称为基本解，一般体力作用下的解答可以通过对基本解积分得到。随后，Maxwell（1864）[4]对桁架提出了一个功的互等定理，即单位荷载法。在 1872 年，Betti 基于 Green（1828）[2]、Maxwell（1864）[4]所做工作，提出了弹性力学功的互等定理，也称 Betti 互等定理或 Betti-Maxwell 互等定理[5]。1873 年，Rayleigh 又将此定理推广到弹性动力学问题的频域描述[6]，后来，Lamb（1888）完成了动力系统功的互等定理的一般研究[7]。1885 年，Somigliana 将基本解和功的互等定理结合，得到了弹性力学解的基本表达式，即 Somigliana 等式[8]。差不多同一时期，Kirchhoff 对于波动问题提出了空间-时间域的 Green 公式，即 Helmholtz-Kirchhoff 积分公式[9]。直到 20 世纪 30~40 年代，Graffi 才给出了弹性动力学中的互易定理[10,11]。19 世纪的研究基本停留在对问题的积分方程描述上，虽然从积分公式到边界元法仅一步之遥，却经历了长达半个多世纪的时间，主要是因为积分方程的数学理论尚未成熟。

20 世纪上半叶，主要是积分方程理论的主要发展期。积分方程理论于 1903 年由 Fredholm 奠基[12]，1929 年，Kellogg 发展了位势问题的积分方程理论[13]，在 1926 年 Trefftz 提出了一种积分方程的边界解法，即 Trefftz 法[14]，该方法可以看作边界元法的先驱。苏联的 Tbilisi 学派在积分方程理论方面作出了很大贡献，Muskhelishvili 先后出版了与弹性力学相关的数学基本问题和奇异积分方程的专著[15,16]，Mikhlin 先后出版关于微分方程与积分方程近似解的专著[17,18]，推动了积分方程法向边界元法的进步。Kellogg（1953）用积分方程方法求解 Laplace 问题，这便是边界元法的前身[19]。Kupadze 在 1963 年[20]和 1964 年[21]分别出版文献对弹性位势问题和弹性静力学与动力学问题的近似解进行了研究。

现代边界积分方程法比有限元法晚几年开始发展，最早出现的是一系列间接边界元法的研究成果。关于间接边界元法的概念是 Jaswon[22~24]，Hess[25,26] 和 Symm[27,28] 等形成的。

1963 年，Jaswon 和 Ponter 讨论了扭转问题的积分方程方法，第一次利用了边界值和法向导数的积分关系[22]。同年，Jaswon 对 Laplace 方程由势理论建立了边界积分方程的数值方法，为间接边界元法的提出作出了重要贡献[23]。其后，Jaswon 等人建立了平面弹性静力学的边界积分方程，提出了数值求解的有效途径[24]。1976 年，Crouch 建议用位移不连续法（Displacement Discontinuity Method，DDM）求解平面弹性问题，这是一种间接边界元法，它以单元均匀位移（不连续位移分量）为未知数，可以很便利地求解岩石力学问题[29]。

1967 年，Rizzo 运用 Betti-Somigliana 公式建立了弹性静力学问题的边界积分公式，指出了边界位移和面力的函数关系，这是文献中最早的一篇关于直接边界元方法的论文[30]。虽然这些公式的数学理论源于 Kapradze 的著作，但是 Rizzo 以一种简明的形式提出了与当今边界元法有着密切联系的公式。这是边界元发展历程的一个重要里程碑。

接着，Cruse 完成了直接边界元方法若干重要问题的推导[31~34]。其中，1968 年，Cruse 与 Rizzo 合作发表了弹性动力学直接边界元法的文章[33]。Rizzo 与 Shippy 配合，对这些边界积分公式进行了数值求解，相继发表了直接边界元法的若干重要论文[35~38]。

1973 年，Watson 将边界积分方程应用于应力分析问题[39]。1975 年，Lachat 完成了他的博士论文，第一次使用高次单元求解三维弹性静力学问题，解决了边界积分方程中的奇异积分问题，大大提高了计算精度，为边界元法的发展作出了重要的贡献[40]。

边界元法（Boundary Element Method，BEM）早期名称是边界积分方程法（Boundary Integral Equation Method，BIEM）。1977 年，由 Brebbia、Dominguez、Banerjee、Butterfield 在英国南安普顿大学共同商定，将这一方法命名为边界元法，从此，边界元法这个名称有了明确定义，并一直延用至今。1978 年，由 Brebbia 编著的第一本边界元法专著《The boundary element method for engineers》出版[41]，对边界元法的发展有着极为重要的意义，其重要性在于它指出了边界元法与其他数值方法特别是有限元法的关系，提出了如何用加权余量法来建立边界积分方程，初步形成了边界元法的理论体系，确立了边界元法作为一种数值方法的地位，标志着边界元法从此进入了系统性的研究时期。

方法完善与初步应用期（1978~1990 年）：1978 年，由 Brebbia 组织的第一届边界元法国际会议在英国南安普敦大学（Southampton University）举行，此后，边界元法国际会议几乎每年一次在世界各地举行。在此基础上成立了国际边界元学会（ISBE），并于 1984 年，创办边界元法国际性刊物《Engineering Analysis Joumal》，它主要致力于边界元法研究新进展的宣传，为边界元法的发展起了重要的推动作用，该刊于 1989 年更名为《Engineering Analysis with Boundary Element》，现为 SCI 收录的源期刊，是专门发表边界元法研究论文的刊物。

此外，还有一些影响较大的其他边界元法国际组织及学术会议，如 1988 年底由 Cruse 创办的国际边界元法协会（IABEM）（1994 年成为国际理论与应用力学联合会的关联学会），该协会每两年召开一次边界元法国际学术会议；1999 年英国的 Aliabadi 创办了第一届边界元技术国际会议（BeTeQ），从 2001 年第二届开始改为每年召开一次。

这一时期大量论文和专著先后面世，发展之快、水平之高是前所未有的。从这些会议文集和各种刊物，如《Engineering Analysis Journal》《Computer and Struetures》《International Joumal for Numerieal Methods in Engineering》《International Journal of Solids and Structures》《Computational Mechanies》和《Computer Methods in Applied Mechanics and Engineering》等登载的论文以及 Brebbia 和 Banerjee 等人的专著来看，这一时期边界元法的发展可归结为下述的三个方面。

（1）数学理论方面。在数学方面，包括边界元法的数学分析理论和数值积分方法的研究。边界元法的发展由计算机的迅速发展和广泛应用而推动，也与近代数学理论的发展密切相关。边界元法数学方面的研究，不仅克服了由于积分奇异性造成的困难，同时又对收敛性、误差分析以及各种不同的边界元法形式的统一进行了数学分析，为边界元法的可行性和可靠性提供了理论基础。但总的说来，边界元法数学理论的研究还落后于方法和应用方面的研究，与有限元法数学理论的研究尚有一定的差距，有待进一步研究和发展。

（2）软件方面。边界元法作为一种数值方法，其应用要通过计算程序来实现。而针对边界元法的计算程序作为应用软件，是随着边界元法的发展而发展的。Brebbia 在边界元法的第一本专著中就附有简单的计算程序，这个程序为其后许多计算程序的研发建立了参考模式，为边界元法应用软件的发展和边界元法的应用起到了良好的推动作用。1978 年以后，随着边界元法国际会议在世界各地逐年举行，陆续有边界元法应用软件的新成果问世。

1982 年，在第四届边界元法国际会议上，英国南安普敦大学的 Danson 介绍了他们研发的边界元分析程序包 BEASY，这是国际上第一个边界元法大型软件。1985 年以来边界元国际会议在世界各地举行，它着重于解决边界元计算技术的研究和应用问题。包括边界元计算技术的工程应用、计算技术和工业应用等，对边界元应用软件的发展起到促进作用。

但是，随着计算机技术的迅速发展，计算机软件已成为商品，稍复杂一点的计算程序都不会无偿地在文献中发表。现在，以边界元法为内容的部分书籍和文献中附有简单的程序，都是以教学为目的，着重说明边界元法的基本理论和方法，供读者学习边界元法时参考，只具有初等实用价值，其针对的问题也只是简单的线性问题。

1988 年，Mackerle 和 Brebbia 在文献中从软件的来源、类型、应用范围、前后处理、元素库、材料性质、特殊功能和硬件准备等多方面对 135 个边界元法应用软件进行了归纳[42]。基本上反映了这一时期边界元法应用软件的发展水平和趋势。可以看出，这一时期边界元法应用软件的发展已经取得了一定的成绩，但与应用于各个其他领域的边界元法本身的发展及计算机软件技术的发展尚有一定距离。

（3）应用方面。在应用方面，包括边界元法的完善和应用范围的拓宽。20 世纪 70 年代以前，边界元法的研究只限于解决以下几个方面的问题：势问题、弹性静力学、波的传播、断裂力学、流体力学、板弯曲问题等，而且对这些问题的研究也只是初步尝试。

现在，边界元法的发展已涉及工程和科学的很多领域，几乎可以解决所有的有限元法能够解决的问题。对于求解线性问题，边界元法的应用已经规范化；对非线性问题，其方法亦趋于成熟。

边界元法针对线性问题的研究和应用范围包括：弹性力学、瞬态弹性动力学、稳态弹性动力学、断裂力学、断裂动力学、板弯曲问题、动态板弯曲问题、壳体分析、壳的动态响应分析、温度场和弹性热应力、势问题（包括热传导、散射、扩散、势流、静电分析等）、瞬态势问题、稳态势问题、波的传播、流体力学、流体动力学、声学、反问题等。

边界元法在非线性问题方面已进行了相关研究，在非线性断裂力学、非线性热分析、非线性壳体分析方面，已有初步研究。在弹性力学非线性问题、弹性动力学非线性问题等方面，已有较为丰富的研究成果。

理论完善与广泛应用期（1990 年至今）：这一时期主要表现在以下三个方面：

（1）数学理论的完善。边界元法像有限元法那样在奇异性处理、收敛性、误差分析、快速算法和各种不同的边界元形式的统一等方面形成较规范的数学理论。由于边界元法的代数方程组具有稠密非对称的系数矩阵，限制了其用于大规模问题的计算。快速多极算法的发展使边界元法解决大规模复杂工程问题的能力得到极大地增强，边界元快速算法已经成功地应用于大规模微机电系统（MEMS）设计分析，而且边界元法在跨尺度计算方面表现出的优良特性也开始得到计算力学界的认可。

（2）软件的完善。随着边界元法在方法和理论上的完善，已有更多功能齐全的边界元法通用程序包问世。边界元法应用软件已由原来的解决单一问题的计算程序向具有前后处理功能、可以解决多种问题的边界元法程序包发展，已经形成的较大程序包有 BEASY（英国）、CA. ST. OR（法国）、BETSY（德国）、SUR-FES（日本）、EZBEA（美国）等。其中，Brebbia 团队开发的 BEASY 在当今边界元应用软件市场可谓独占鳌头，已经覆盖机械设计、疲劳与裂纹扩展、声学设计、腐蚀和阴极保护、耐久性评定、损伤容限设计、电镀仿真等领域。在英国、美国、法国和日本等国的大学、研究所和公司得到了一定的应用，而加拿大集成工程软件（IES）公司提供的边界元软件 INTEGRATED，在电磁场计算方面具有强大的功能；Coyote 系统公司的 AutoMEMS，已经采用了快速多极边界元法。但总体来说，在软件方面，边界元法尚难以与有限元法并驾齐驱。预计不久的将来，边界元法将与有限元法在应用上互为补充，在各自领域发挥所长。

（3）应用的拓展。随着边界元研究的深入，解决各种非线性问题的边界元法已有不同程度地发展和完善，边界元法的应用范围进一步拓宽。将边界元法用于薄膜、涂层等薄层问题而取得的进展，改变了人们以往对边界元法只适用于常规形状物体的传统看法。边界元法在非线性问题方面的研究和应用已涉及非弹性力学（包括塑性、弹塑性、弹粘塑性、蠕变等）、非弹性动力学、非弹性断裂力学、非弹性断裂动力学、非弹性壳体分析、材料非线性热分析、弹性有限变形、非线性断裂力学、非线性板壳分析、非线性瞬态热分析、非线性势问题、含时间的非线性势问题、非线性瞬态波的传播、岩土力学、非弹性有限变形等，边界元法在声学和电磁场方面也得到了很广泛地应用。

相对而言，边界元法与其他数值方法（主要是有限元法）的耦合方法发展比较缓慢。目前，边界元与有限元耦合方法的研究和应用主要涉及以下几个方面：弹性力学、断裂力学、弹塑性力学、非线性问题、势问题、流固耦合问题、岩土力学、土动力学、热分析、电力工程等。

在工程和工业技术领域，边界元法的应用已涉及到：水工、土建、桥梁、机械、电力、地震、采矿、地质、汽车、航空、结构优化等诸多方面。

1.3 国内边界元的研究简况

我国在边界元领域的研究氛围比较活跃。以杜庆华院士为代表的一大批科学技术人员，如姚振汉、高效伟、岑章志、陈正宗、董春迎、阎相桥、姜弘道、张楚汉、申光宪、嵇醒等，为边界元的发展做出了重要贡献。他们在国内发起和组织了多个边界元法学术会议，先后出版了多部学术专著，发表了很多高水平研究成果，解决了很多工程问题，在此不再一一列举。与国际同行相比，我国早期在该领域相关成果较少，但从 20 世纪 90 年代以来我国在此领域的影响明显扩大。但是，我国在边界元研究领域与国际同行仍存在差距，主要体现在边界元软件的开发及其工程推广方面，国内至今还没有出现能够广泛应用于实际工程的边界元法软件，这是在今后发展中亟待解决的问题。

1.4　时域边界元法的研究现状及发展动态

1.4.1　弹性动力学时域边界元法

弹性动力学是固体力学的重要分支学科之一。主要研究在动荷载作用下，应力波在弹性体内的传播过程引起各点的位移、应力和应变随位置和时间的变化规律。实际工程，诸如地铁运行、岩石基坑与隧道爆破开挖、地下采矿等引起的振动问题以及地震工程，均属于弹性动力学的范畴。

虽然在波动领域的积分方程在 19 世纪已经出现[11]，但是由于没有相适应的积分方程理论（期间仅有 1926 年的 Trefftz 法[14]），波动问题边界元法的相关研究直到 20 世纪五六十年代才真正地开始。

解决波动问题的边界元法主要有间接法和直接法。间接边界元法所求解的边界未知量是引入的辅助变量，并不是原问题未知场变量的边界值，这些辅助变量一般不具有实际物理意义。而直接边界元法所求解的未知量就是原问题未知场量的边界值。因此，直接边界元法与有限元或者离散元的耦合较为便利，所以在求解波动问题上应用更为广泛。

间接边界元法主要有波源法[43~45]和 Trefftz 法[14,46]，Sanchez-Sesma、Wong以及 Dravinski 等[43~45]在用频域边界元法研究平面内和出平面状态下波的散射问题时，利用在局部不规则区域的界面上设置一系列点源的方法建立了被称为"波源法"的间接边界元方法。波源法由于用离散波源代替连续波源，简化了计算过程，并且可以避免直接边界元法中的奇异积分问题。波源法适用于研究沉积土层或不规则地形引起的波的散射问题，在河谷、沉积构造、夹层及地下孔洞对 SH波、SV 波、P 波和 Rayleigh 波的散射问题研究中应用得比较成功。Trefftz 法则是采用一个满足域内偏微分方程的完备函数系作为近似解，其待定系数由边界条件来确定。Sanchez-Sesma 以及 Eshraghi 等[47,48]成功地运用这一方法解决了一系列地震波的散射问题。在国内，也有不少研究者从事间接边界元法的研究，杜修力和熊建国等[49~52]以控制微分方程基本解的完备系作为权函数，得到了没有奇异性的边界积分方程，并求解了地震波的散射问题。

直接边界元法按照基本解的选取方式不同可以分为三种形式：静力法、频域法和时域法。

第一种是静力法。这种方法是 Nardiniti 和 Brebbia[53,54]最早提出的，采用的是全空间的静力基本解，因此加速度的影响只能通过网格的全域划分来考虑。与有限元法和有限差分法不同的是，它的等效质量与等效刚度都只与边界结点有关，最后得到一个实系数的常微分方程组，可以用常规的方法求出其特征值与特征向量，进而进行动力分析。这种方法计算比较简单、方便，工作量较少，在二维动力问题的求解中得到了较好的成果。但是全域划分网格的特点使它失去了边界元法的固有优势，难以在保证高精度的同时解决半无限域和无限域的波动问题。后来，宋崇民等[55]采用了静力法来分析重力坝响应问题，得到了比较理想的结果。李庆斌等[56]在用特解边界元法计算动力问题时也采用了与 Nardinit 相近的公式，Pekau 和 Feng[57]用这种方法研究了重力坝的动力学断裂问题。

第二种是频域法。频域法是指把时域内的边界条件和微分方程转换到频域内，在频域内进行求解，最后将频域内求得结果转换到时域内。频域法在处理弹性或粘弹性问题时优点比较明显，在频域内奇异性的处理变得很方便，但不适合弹塑性等非线性问题。在 60 年代后期，Rizzo 和 Cruse 等[31,33,35]首先采用边界元法对弹性动力学瞬态问题进行了相关研究，他们的工作奠定了边界元法求解波动问题的基础。他们基于 Papoulis[58]对 Laplace 变换的早期研究，采用边界元法首先对偏微分方程在频域内求解，再将解转换到时域内，较早得到了较高精度的结果。作为 Cruse 的进一步研究，Manolis 和 Beskos[59,60]比较了 Papoulis[58]和 Durbin[61]的算法所得到的时域结果。他们研究了地下结构中的应力集中问题，发现 Durbin 的算法虽然比 Papoulis 的耗时，但即使在后期也具有较高的精度。同时，他们也采用有限元法进行了计算，由于解出的部分结果精度较低，得出有限元法不适合这类问题的结论。并且，Manolis[59]基于 Cruse 的研究成果还导出了稳态弹性动力学问题的积分公式。

第三种是时域法。时域法采用弹性波动问题偏微分方程的基本解建立边界积分方程，在时域内直接求解未知量，无论是有限域问题，还是无限域及半无限域问题，基本解都能够精确满足偏微分方程。Friedman 和 Shaw 首先在时域内直接求解了声学中波动问题偏微分方程[62]。后来 Shaw 和 English[63~70]又进行了一系列相关研究。他们的边界方程是对 Kirchhoff 积分表达式的修正，更加标准化，并编制了计算程序，他们的研究标志着波动问题的求解从采用积分方程求解波动问题的计算手段转向了计算机编程。求解二维问题时，计算程序将二维平面处理成一个较长的柱体，以额外的空间维度为代价避免了求取二维问题的基本解。然而，所研究问题尚停留在具有特殊几何边界和边界条件的情况，还没有得到一般问题的计算公式。Neilson 和 Herman 等[71,72]的研究对边界元的发展作出了重要贡献。前者将 Shaw 所提出的公式扩展到更广泛的问题，后者提出了一种迭代方法，该方法消除了可能出现在时步分析后期的虚假振荡。Niwa[73]和 Manolis[74]研究二维瞬态弹性动力学问题时，采用了 Shaw 的方案，将平面问题处理成一个较长的柱体以便应用三维问题基本解来求解，由于没能很好地处理奇异积分问题，他们的数值计算结果很不稳定。20 世纪 80 年代以前，只有较少学者采用二维基本解研究二维波动问题，Das 和 Aki[75,76]就是他们中的代表，他们采用时步法研究了无限均匀弹性介质中二维剪切裂纹的扩展问题，但是他们采用的公式也不是通用的。Cole 等[77]应用二维时域积分方程来求解瞬态弹性动力学反平面运动问题。这项研究采用时步法获得了两个不同性质的半平面受集中荷载作用下的瞬态响应，所得到的位移非常精确，但是他们的公式不能计算内部位移，尽管如此，他们首次采用二维问题基本解研究平面动力学问题，仍具有重要意义。后来，Mansur 和 Brebbia[78~83]采用时域边界元法研究了弹性动力学平面问题。他们利用二维弹性动力学问题的基本解来建立时域边界积分方程，通过时间上的解析积分，较好地解决了奇异性的问题，不仅提高了计算精度且节省了计算时间，并且，他们还对时间步长的选取进行了研究。这些研究对后来的时域边界元法发展发挥了重要作用。后来，Carrer 和 Mansur[84]、Israil 和 Banerjee[85~87]、Telles 和 Dominguez 等[88~90]等进行了广泛而深入的研究。最近，在对弹性动力学问题时域边界元法积分方程深入认识的基础上，Lei 和 Li 及 Ji 等[91,92]在 Mansur 和 Brebbia 基础上对空间相关奇异积分进行了解析求解，避免了采用刚体位移法这一间接数值方法处理奇异性时带来的累积误差，得到了较为精确的计算结果。在时域边界元应用方面，Beskos、Karabalis 和 Manolis 等[93~96]用时域边界元法研究了三维结构与地基的动力相互作用问题和波的散射问题。国内也有很多学者对时域边界元法进行了研究，如邱仑和徐植信[97,98]研究二维地下洞室问题的瞬态响应，朱建雄和曹志远等[99~102]应用半解析的时域边界元法研究了爆炸冲击波在三维介质中的传播及对地下防护结构的散射问题，姚振汉和向家琳等[103]提出了回转体弹性瞬态波动及动力问题的时域边界元法，并研究了无限大介质中球形孔洞内壁受突加荷载时的瞬态动力响应，得到了较好的数值计算结果。

静力法虽然计算相对简单，但是全域划分网格的处理方法是其致命缺点，不适合无限域问题。对于频域法和时域法，Manolis[72]曾进行了系统的对比研究，发现 Laplace 变换法的效率最高，其次为 Fourier 变换法，时域法计算量很大，所需计算机内存最多。但频域法仅适用线弹性和粘弹性问题，不适合求解弹塑性等非线性问题，在求解时需要在时域和频域内变换，对于动力学无限域孔洞问题，积分在时域与频域的变换过程需要大量计算。时域边界元法直接在时域计算，无需进行任何转换，适应性和稳定性强，可以很方便求解非线性问题，尤其适合无限域问题。在研究爆炸与冲击荷载作用下的动力响应时，由于荷载的作用时间往往很短且频率很高，时域法的优点更为突出。随着计算机的发展和快速算法的出现[104~109]，时域法的缺点将会逐渐被克服，优点逐渐凸显，应用将会越来越广泛。

1.4.2　弹塑性问题边界元法

弹塑性问题是非线性问题的一种，当荷载超过一定范围时，受力体将发生屈服，应力-应变呈非线性关系，产生弹性和塑性变形，卸载后，其中的弹性变形可以完全恢复，而塑性变形不可恢复。金属是典型的弹塑性材料，岩石在长期荷载作用下也可看作是弹塑性体，其弹性变形和塑性变形可以不分阶段同时出现。

采用边界元法对弹塑性静力学问题进行研究，最早开始于 Swedlow 和 Cruse 在 1971 年发表的文章[110]，他们基于三维弹塑性问题提出了第一个位移边界积分公式，虽然并未用于问题分析，也未给出应力或应变的积分表达式，但对于边界元法向弹塑性发展仍具有重要意义。后来，Mendelson[111,112] 提出了弹塑性问题应力和应变边界积分公式。文献 [113] 采用边界元法研究了弹塑性扭转问题，文献 [114] 综述了边界积分方程在弹塑性力学问题中的发展，并对直接、间接边界元法等在扭转问题、平面问题和三维问题中的应用进行了研究，表明边界积分法是求解弹塑性问题的有力工具。1977 年，Mukherjee 和 Kuma[115,116] 指出 Mendelson 给出的公式是不正确的，并在他们的研究中对这些公式进行了完善。然而，Mendelson 和 Mukherjee 都没有给出内部点应变或应力的完整表达式。1978 年，Bui[117] 基于 Mikhlin 奇异积分导数的概念，指出了此前所有的文献都存在问题，Bui 对非线性项进行了讨论，并指出计算过程会产生自由项，推导了三维物体内点应变的正确表达式，为弹塑性边界元的发展做出了重要贡献。在 1979 年，Telles 和 Brebbia[118] 给出了二维和三维弹塑性问题边界元公式，也给出了内点应力的正确表达式。上述研究均是基于初应变法理论，初应力法则是由 Chaudonneret[119] 在 1977 年和 Banerjee 与 Cathie[120~122] 在 1978 年提出，完善了边界元法理论。在 1988 年 Henry 和 Banerjee[123] 提出了一种新的弹塑性应力积分公式，这种公式不需要求解区域积分，所以较之前的表达式是一个明显的进步。

国内也有不少学者展开了弹塑性边界元法和非弹性边界元法研究。郭学东等[124] 1990 年采用边界元法计算了双线性应力应变关系的弹塑性平面问题，为了避开迭代运算和逐次矩阵更新，引入了固有应变法。董春迎[125] 1992 年在其博士论文中做了接触问题的边界元研究，推导了一个新内点应力积分公式，给出了计算方案，为弹塑性平面与轴对称问题的接触研究奠定了基础，采用了圆弧边界单元等一系列成果。张明[126] 1999 年在博士论文中曾经研究了双材料弹塑性平面问题的边界元法，采用了基于双材料基本解的弹塑性问题边界积分方程，能够很好地解决界面裂纹问题。高效伟[127,128] 在 2006 年提出不需要划分域内网格的新方案。邓琴等[129] 在 2012 年将互补理论引入弹塑性边界积分方程，将域内积分转化为边界积分，同时，域内积分的奇异性也进行了转换，从另一个侧面解决了域内积分的强奇异性。

20 世纪 70~80 年代是边界元理论在弹塑性静力学和弹性动力学基础研究阶段，随后进入了弹塑性动力学的相关研究。基于边界元理论进行弹塑性动力学分析主要有三种方法：即域边界元法（D-BEM）[130~134]、双互易边界元法（DR-

BEM)[135~140] 以及时域边界元法（TD - BEM）[141~144]。Soares 等[145] 还进行了 D-BEM 与 TD-BEM 的耦合研究。D-BEM 以及 DR-BEM 均采用静力学基本解建立弹塑性问题边界积分方程，其原理及计算过程较为简单，在处理有限域问题弹塑性分析及耦合中得到广泛应用。二者的区别在于对惯性积分的处理，其中 D-BEM 对积分方程中的惯性积分项不作特殊处理，而 DR-BEM 将惯性积分转换为了边界积分。由于这两种方法采用了静力基本解，需要全域划分网格，在无限及半无限域问题上的应用受到了限制。TD-BEM 基于弹塑性动力学理论建立时域边界积分方程，只需对边界和塑性区离散，离散量少。由于 TD-BEM 所采用的动力学基本解能够精确满足无限远处辐射条件，积分方程在数学上严格成立因而精度高，尤其适合具有无限及半无限边界的开域问题，但 TD-BEM 的数学处理较前两者更为复杂。然而，TD-BEM 在开域问题上的独特优势，必将在弹塑性分析中占据重要地位。从公开的文献看，TD-BEM 处理弹塑性动力学问题多采用初应力法，以应变作为基本解，根据边界元的基本积分方程求出相应的应力，解决了二维及三维问题的弹塑性分析，Li 等[143,144] 基于弹塑性静力学中的初应变法对弹塑性动力学问题进行了研究，取得了较好的效果，同时完善了弹塑性动力学问题的时域边界元法理论。

参考文献

[1] TURNER J M, CLOUGH R W, MARTIN H C, et al. Stiffness and Deflection Analysis of Complex Structures [J]. Journal of the Aeronautical Sciences, 1956, 23 (9): 805-823.

[2] GREEN G, WHEELHOUSE T, LINDSAY R. An essay on the application of mathematical analysis to the theories of electricity and magnetism [J]. Physics Today, 1959, 12: 48.

[3] KELVIN W T. Note on the integration of the equations of equilibrium of an elastic solid [J]. Cambridge and Dublin Mathematical Journal, 1848, 3: 87-89.

[4] MAXWELL J C. On the calculation of the equilibrium and stiffness of frames [J]. The London, Edinburgh, and Dublin Philosophical Magazine and Journal of Science, 1864, 27 (182): 294-299.

[5] BETTI E. Teoria della elasticita [J]. Nuovo Ciment, 1872, 7 (1): 69-97.

[6] RAYLEIGH L. More general form of reciprocal theorem [J]. Scientific Papers, 1973, 1: 179-184.

[7] LAMB H. On reciprocal theorems in dynamics [J]. Proceedings of the London Mathematical Society, 1887, s1-19 (1): 144-151.

[8] SOMIGLIANA C. Sopra l'equilibrio di un corpo elastico isotropo [J]. Ⅱ Nuovo Cimento Series 10, 1885, 3: 17-320.

[9] KIRCHHOFF G. Zur theorie der lichtstrahlen [J]. Annalen der Physik, 1883, 254 (4):

663-695.

［10］GRAFFI D. Sui teoremi di reciprocità nei fenomeni dipendenti dal tempo ［J］. Annali di Matematica Pura ed Applicata, 1939, 18 (1): 173-200.

［11］GRAFFI D. Sul teorema di reciprocita nella dinamica dei corpi elastici ［J］. Mem. Accad. Sci. Bologna, 1947, 18: 103-109.

［12］FREDHOLM I. Sur une classe d'équations fonctionnelles ［J］. Acta Mathematica, 1903, 27: 365-90.

［13］KELLOGG O D. Foundations of Potential Theory ［M］. Berlin: Verlag Von Julius Springer, 1929.

［14］TREFFTZ E. Zu den grundlagen der schwingungstheorie ［J］. Mathematische Annalen, 1926. 95 (1): 307-312.

［15］MUSKHELISHVILI N I. Some basic problems of the mathematical theory of elasticity ［M］. Noordhoof, 1959 ［first Russian edition 1933］.

［16］MUSKHELISHVILI N I. Singular integral equations ［M］. Noordhoff, 1953 ［Russian edition 1946］.

［17］MIKHLIN S G. Integral equations and their applications to certain problems in mechanics, mathematical physics and technology ［M］. 2nd revised. New York: Pergamon Press, 1964 ［first Russian edition 1949］.

［18］MIKHLIN S G, SMOLITSKY J L. Approximation methods for the solution of differential and integral equations ［M］. Amsterdam: Elsevier, 1967.

［19］KELLOGG O D. Foundations of potential theory ［M］. Dover, 1953.

［20］KUPRADZE V D. Potential methods in the theory of elasticity ［M］. In: Sneddon IN, Hills R, editors. Israeli program for scientific translation, 1965 ［earlier edition: Kupradze VD, Dynamical problems in elasticity, vol. Ⅲ in Progress in solid mechanics, eds. Sneddon IN, Hills R. North-Holland, 1963］.

［21］KUPRADZE V D, ALEKSIDZE M A. The method of functional equations for the approximate solution of some boundary value problems ［J］. Zh vichisl mat i mat fiz 1964, 4: 683-715 ［in Russian］.

［22］JASWON M A, PONTER A R. An integral equation solution of the torsion problem ［J］. Proceedings of the Royal Society of London, Series A, Mathematical and Physical Sciences, 1963, 273: 237-246.

［23］JASWON M A. Integral equation methods in potential theory Ⅰ ［J］. Proceedings of the Royal Society of London, Series A, Mathematical and Physical Sciences, 1963, 275: 23-32.

［24］JASWON M A, SYMM G T. Integral equation methods in potential theory and elastostatics ［M］. London: Academic Press, 1977.

［25］HESS J L. Calculation of potential flow about bodies of revolution having axes perpendicular to the free-stream direction ［J］. Journal of the Aerospace Sciences, 1962, 29 (6): 726-742.

［26］HESS J L, SMITH A M O. Calculation of nonlifting potential flow about arbitrary three dimensional bodies ［J］. Journal of Ship Research, 1964, 8 (2): 22-44.

［27］ SYMM G T. Integral equation methods in potential theory, Ⅱ ［J］. Proceedings of the Royal Society of London, Series A, Mathematical and Physical Sciences, 1963, 275: 33-46.

［28］ SYMM G T. Integral equation methods in elasticity and potential theory ［D］. London: Imperial College, 1964.

［29］ CROUCH S L. Solution of plane elasticity problems by the displacement discontinuity method. Ⅰ. Infinite body solution ［J］. International Journal for Numerical Methods in Engineering, 1976, 10 （2）: 301-343.

［30］ RIZZO F J. An integral equation approach to boundary value problems of classical elastostatics ［J］. Quarterly of Applied Mathematics, 1967, 25 （1）: 83-95.

［31］ CRUSE T A. The transient problem in classical elastodynamics solved by integral equations ［D］. Doctoral dissertation. University of Washington, 1967.

［32］ CRUSE T A. Numerical solutions in three dimensional elastostatics ［J］. International Journal of Solids and Structures, 1969, 5 （12）: 1259-1274.

［33］ CRUSE T A, RIZZO F J. A direct formulation and numerical solution of the general transient elastodynamic problem. Ⅰ ［J］. Journal of Mathematical Analysis and Applications, 1968, 22 （1）: 244-259.

［34］ CRUSE T A. A direct formulation and numerical solution of the general transient elastodynamic problem. Ⅱ ［J］. Journal of Mathematical Analysis and Applications, 1968, 22 （2）: 341-355.

［35］ RIZZO F J, SHIPPY D J. Formulation and solution procedure for the general non-homogeneous elastic inclusion problem ［J］. International Journal of Solids and Structures, 1968, 4 （12）: 1161-1179.

［36］ RIZZO F J, SHIPPY D J. A method for stress determination in plane anisotropic bodies ［J］. Journal of Composite Materials, 1970, 4: 36-61.

［37］ RIZZO F J, SHIPPY D J. A method of solution for certain problems of transient heat conduction ［J］. AIAA J, 1970, 8 （11）: 2004-2009.

［38］ RIZZO F J, SHIPPY D J. An application of the correspondence principle of linear viscoelasticity theory ［J］. SIAM Journal on Applied Mathematics, 1971, 21 （2）: 321-330.

［39］ WATSON J O. The analysis of stress in thick shells with holes, by integral representation with displacement ［D］. Doctoral dissertation, University of Southampton, 1973.

［40］ LACHAT J C. A further development of the boundary integral technique for elastostatics ［D］. Doctoral dissertation, University of Southampton, 1975.

［41］ BREBBIA C A. The boundary element method for engineers ［M］. Pentech Press, 1978.

［42］ MACKERLE J, BREBBIA C A. The boundary element reference book ［M］. Computational mechanics publications, Southampton; Springer-Verlag, Berlin, 1988.

［43］ SANCHEZ-SESMA F J, ROSENBLUETH E. Ground motion at canyons of arbitrary shape under incident SH waves ［J］. Earthquake Engineering and Structural Dynamics, 1979, 7 （5）: 441-450.

［44］ WONG H L. Effect of surface topography on the diffraction of P, SV and rayleigh waves, bull

[J]. Bulletin of the Seismological Society of America, 1982, 72: 1167-1183.

[45] DRAVINSKI M. Amplification of P, SV, and rayleigh waves by two alluvial valleys [J]. International Journal of Soil Dynamics & Earthquake Engineering, 1983, 2 (2): 66-77.

[46] HERRERA I. Trefftz Method, Boundary Element Research (Ed. by Brebbia, C. A) [M]. Springer-Verlag, 1984.

[47] SANCHEZ–SESMA F J, HERRERA I, AVILES J. A boundary method for elastic wave diffraction: application to scattering of SH waves by surface irregularities [J]. Bulletin of the Seismological Society of America, 1982, 72 (2): 473-490.

[48] ESHRAGHI H, DRAVINSKI M. Scattering of plane harmonic SH, SV, P and Rayleigh waves by non–axisymmetric three dimensional canyons—A wave function expansion approach [J]. Earthquake Engineering & Structural Dynamics, 1989, 18 (7): 983-998.

[49] 杜修力, 熊建国. 波动问题的级数解边界元法 [J]. 地震工程与工程振动, 1988, 8 (1): 39-49.

[50] 熊建国, 关慧敏, 杜修力. 级数解边界积分法及其在地震波散射问题中的应用 [J]. 地震工程与工程振动, 1991, 11 (2): 20-28.

[51] 熊建国, 杜修力. 波动问题的一种杂交边界积分法 [C]//中国力学学会. 第一届全国解析与数值结合法会议论文集. 长沙: 湖南大学出版社, 1990: 274-279.

[52] 杜修力, 熊建国, 关慧敏. 平面 SH 波散射问题的边界积分方程分析法 [J]. 地震学报, 1993, 15 (3): 311-338.

[53] NARDINI D, BREBBIA C A. A new approach to free vibration analysis using boundary elements [J]. Applied Mathematical Modelling, 1983, 7 (3): 157-162.

[54] NARDINI D, BREBBIA C A. Transient dynamic analysis by the boundary element method [J]. Boundary Elements, 1983: 191-208.

[55] 宋崇民, 张楚汉. 水坝抗震分析的动力边界元方法 [J]. 地震工程与工程振动, 1988, 8 (4): 13-26.

[56] 李庆斌, 周鸿钧, 林皋. 瞬态动力反应分析的特解边界元法 [C]//中国力学学会, 等. 第四届全国振动理论及应用学术会议. 郑州, 1990.

[57] PEKAU O A, FENG L M, ZHANG C H. Fracture anaiysis of concrete gravity dams by boundary element method [J]. Earthquake Engineering and Structural Dynamics, 1991, 20: 335-354.

[58] PAPOULIS A. A new method of inversion of the laplace transform [J]. Quarterly of Applied Mathematics, 1957, 14 (4): 405-414.

[59] MANOLIS G D. Dynamic response of underground structures [D]. Doctoral dissertation, University of Minnesota, 1980.

[60] MANOLIS G D, BESKOS D E. Dynamic stress concentration studies by boundary integrals and laplace transform [J]. International Journal for Numerical Methods in Engineering, 1981, 17 (4): 573-599.

[61] DURBIN F. Numerical inversion of laplace transforms: an efficient improvement to dubner and abate's method [J]. Computer Journal, 1974, 17 (4): 371-376.

[62] FRIEDMAN M B, SHAW R. Diffraction of pulses by cylindrical obstacles of arbitrary cross

section [J]. Journal of Applied Mechanics, 1962, 29 (1): 40-46.

[63] SHAW R P. Diffraction of acoustic pulses by obstacles of arbitrary shape with a robin boundary condition [J]. Journal of the Acoustical Society of America, 1967, 41 (4A): 855-859.

[64] SHAW R P. Scattering of plane acoustic pulses by an infinite plane with a general first order boundary condition [J]. Journal of Applied Mechanics, 1967, 34 (3): 770-772.

[65] SHAW R P. Retarded potential approach to the scattering of elastic pulses by rigid obstacles of arbitrary shape [J]. Journal of the Acoustical Society of America. , 1968, 44 (3): 745-748.

[66] SHAW R P. Diffraction of pulses by obstacles of arbitrary shape with an impedance boundary condition [J]. Journal of the Acoustical Society of America, 1968, 44: 1962-1968.

[67] SHAW R P. Singularities in acoustic pulse scattering by free surface obstacles with sharp corners [J]. Journal of Applied Mechanics, 1971, 38 (2): 526-528.

[68] SHAW R P, English J A. Transient acoustic scattering by a free sphere [J]. Journal of Sound and Vibration, 1972, 20 (3): 321-331.

[69] SHAW R P. Transient scattering by a circular cylinder [J]. Journal of Sound and Vibration, 1975, 42 (3): 295-304.

[70] SHAW R P. An outer boundary integral equation applied to transient wave scattering in an inhomogeneous medium [J]. Journal of Applied Mechanics, 1975, 42 (1): 147-152.

[71] NEILSON H C, LIU Y P, WANG Y F. Transient scattering by arbitrary axisymmetric surfaces [J]. Journal of the Acoustical Society of America, 1978, 63 (6): 1719-1726.

[72] HERMAN G C. Scattering of transient acoustic waves in fluids and solids [D]. Doctoral dissertation, Delft University of Technology, 1981.

[73] NIWA Y, FUKUI T, KATO S, FUJIKI K. An application of the integral equation method to two-dimensional elastodynamics [J]. Theoretical and Applied Mechanics, 1980, 28: 281-290.

[74] MANOLIS G D. A Comparative study on three boundary element method approaches to problems in elastodynamics [J]. International Journal for Numerical Methods in Engineering, 1983, 19 (1): 73-91.

[75] DAS S. A Numerical Study of rupture propagation and earthquake source mechanism [D]. Doctoral dissertation, Massachusetts Institute of Technology, 1976.

[76] DAS S, AKI K. A Numerical Study of Two-Dimensional Spontaneous Rupture Propagation [J]. Geophysical Journal International, 1977, 50 (3): 643-648.

[77] COLE D M, KOSLOFF D D, MINSTER J B. A numerical boundary integral equation method for elastodynamics. I [J]. Bulletin of the Seismological Society of America, 1978, 68 (5): 1331-1357.

[78] MANSUR W J, BREBBIA C A. Formujation of the boundary element method for transient problems governed by the scalar wave equation [J]. Applied Mathematical Modelling, 1982, 6 (4): 307-311.

[79] MANSUR W J, BREBBIA C A. Numerical implementation of the boundary element method for two dimensional transient scalar wave propagation problems [J]. Applied Mathematical Modelling, 1982, 6 (4): 299-306.

［80］ MANSUR W J. A time-stepping technique to solve wave propagation problems using the boundary element method ［D］. Doctoral dissertation, University of Southampton, 1983.

［81］ MANSUR W J, BREBBIA C A. Further developments on the solution of the transient scalar wave equation ［J］. Time-dependent and Vibration Problems, 1985, 2: 87-123.

［82］ MANSUR W J, BREBBIA C A. Transient Elastodynamics Using a Time Stepping Technique ［C］// Boundary Elements. Berlin: Springer-Verlag, 1983: 281-290.

［83］ MANSUR W J, BREBBIA C A. Transient Elastodynamics ［M］. Springer-Verlag World Publishing Company, 1985.

［84］ CARRER J A M, MANSUR W J. Stress and velocity in 2d transient elastodynamic analysis by the boundary element method ［J］. Engineering Analysis with Boundary Elements 1999, 23 (3):233-245 .

［85］ ISRAIL A, BANERJEE P K. Interior stress calculations in 2-d time-domain transient bem analysis ［J］. International Journal of Solids & Structures, 1991, 27 (7): 915-927.

［86］ ISRAIL A S M, BANERJEE P K. Advanced time-domain formulation of bem for two-dimensional transient elastodynamics ［J］. International Journal for Numerical Methods in Engineering, 1990, 29 (7): 1421-1440.

［87］ ISRAIL A, BANERJEE P K. Two-dimensional transient wave-propagation problems by time-domain BEM ［J］. International Journal of Solids & Structures, 1990, 26 (8): 851-864.

［88］ TELLES J C F, CARRER J A M, MANSUR W J. Transient dynamic elastoplastic analysis by the time-domain BEM formulation ［J］. Engineering Analysis with Boundary Elements, 1999, 23: 479-486.

［89］ DOMINGUEZ J, GALLEGO R. Time domain boundary element method for dynamic stress intensity factor computations ［J］. International Journal for Numerical Methods in Engineering, 1992, 33 (3): 635-647.

［90］ DOMINGUEZ J. Boundary elements in dynamics ［M］. Southampton and Boston: Computational Mechanics Publications, 1993.

［91］ LEI W D, LI H J, QIN X F, et al. Dynamics-based analytical solutions to singular integrals for elastodynamics by time domain boundary element method ［J］. Applied Mathematical Modelling, 2018, 56: 612-625.

［92］ LEI W D, JI D F, LI H J, et al. On an analytical method to solve singular integrals both in space and time for 2-d elastodynamics by td-bem ［J］. Applied Mathematical Modelling, 2015, 39 (20): 6307-6318.

［93］ KARABALIS D L, BESKOS D E. Dynamic response of 3-D rigid surface foundations by time domain boundary element method ［J］. Earthquake Engineering and Structural Dynamics, 1984, 12 (1): 73-93.

［94］ KARABALIS D L, BESKOS D E. Dynamic response of 3-D flexible foundations by time domain BEM and FEM ［J］. International Journal of Soil Dynamics and Earthquake Engineering, 1985, 4 (2): 91-101.

［95］ BESKOS D E. Boundary element methods in dynamic analysis ［J］. Applied Mechanics

Reviews, 1987, 40（1）：1-23.

［96］ MANOLIS G D, BESKOS D E. Boundary Element Methods in Elastodynamics ［M］. Uwin Hyman, London, 1988.

［97］ 邱仑, 徐植信. 地下结构瞬态响应分析的积分方程法（I）——P 波和 SV 波的传播 ［J］. 同济大学学报（自然科学版）, 1987（4）：6-24.

［98］ 邱仑, 徐植信. 地下结构瞬态响应分析的积分方程法（Ⅱ）——多层结构及 SH 波计算 ［J］. 同济大学学报（自然科学版）, 1988（1）：55-64.

［99］ 朱建雄, 曹志远. 核爆炸冲击波在三维介质中的传播 ［J］. 地震工程与工程振动, 1988, （2）：10-18.

［100］ CAO Z Y, ZHU J X, CHEUNG Y K. A Semi – Analytical Boundary Element Method for Scattering of Waves in a Half Space ［J］. Earthquake Engineering & Structural Dynamics, 1990, 19（7）：1073-1082.

［101］ 朱建雄, 李国豪, 曹志远. 瞬态应力波对复杂截面形状地下孔洞的三维散射 ［J］. 同济大学学报, 1990（2）：139-148.

［102］ 朱建雄, 曹志远, 李国豪. 三维地下洞室的动应力集中 ［J］. 土木工程学报, 1991（4）：28-37.

［103］ YAO Z H, XIANG J L, DU Q H. A Time–Space Domain Approach of BEM for Elastodynamics of Axisymmetric Body ［C］// TANAK M, et al. Proceedings of the Fifth China – Japan Symposium on Boundary Element Methods. Elsevier Publishing Company, 1993：3-10.

［104］ GREENGARD L, ROKHLIN V. A fast algorithm for particle simulations ［J］. Journal of Computational Physics, 1987, 73（2）：325-348.

［105］ CARRIER J, GREENGARD L, ROKHLIN V. A fast adaptive multipole algorithm for particle simulations ［J］. Siam Journal on Scientific and Statistical Computing, 1988, 9（4）：669-686.

［106］ EPTON M A, DEMBART B. Multipole translation theory for the three–dimensional laplace and helmholtz equations ［J］. Siam Journal on Scientific Computing, 1995, 16（4）：865-897.

［107］ GREENGARD L, ROKHLIN V. A new version of the fast multipole method for the laplace equation in three dimensions ［J］. Acta Numerica, 1997, 6：229-269.

［108］ CHENG H, GREENGARD L, ROKHLIN V. A fast adaptive multipole algorithm in three dimensions ［J］. Journal of Computational Physics, 1999, 155（2）：468-498.

［109］ YAO Z H, WANG H T, WANG P B, et al. Some Recent Investigations on Fast Multipole BEM in Solid Mechanics ［J］. Journal of University of Sciences and Technology of China, 2006：1-17.

［110］ SWEDLOW J L, CRUSE T A. Formulation of boundary integral equations for three – dimensional elasto – plastic flow ［J］. International Journal of Solids and Structures, 1971, 7（12）：1673-1683.

［111］ MENDELSON A. Boundary–integral methods in elasticity and plasticity ［J］. NASA TN D-7418, 1973.

［112］ MENDELSON A, ALBERS L U. Boundary–integral equation method：computational applications in applied mechanics [J]. American Society of Mechanical Engineers, 1975: 47.

[113] MENDELSON A. Solution of elastoplastic torsion problem by boundary integral method [J]. NASA TN D-7872, 1975.

[114] MENDELSON A, ALBERS L U. Application of boundary integral equations to elastoplastic problems [J]. American Society of Mechanical Engineers, 1975: 47-84.

[115] MUKHERJEE S. Corrected boundary-integral equations in planar thermoelastoplasticity [J]. International Journal of Solids and Structures, 1977, 13 (4): 331-335.

[116] KUMA V, MUKHERJEE S. A boundary-integral equation formulation for time-dependent inelastic deformation in metals [J]. International Journal of Mechanical Sciences, 1977, 19 (12): 713-724

[117] BUI H D. Some remarks about the formulation of three-dimensional thermoelastoplastic problems by integral equations [J]. International Journal of Solids and Structures, 1978, 14 (11): 935-939.

[118] TELLES J, BREBBIA C A. On the application of the boundary element method to plasticity [J]. Applied Mathematical Modelling, 1979, 3 (6): 466-470.

[119] CHAUDONNERET M. Méthode des équations intégrales appliquées a la résolution de problèmes de viscoplasticité [J]. Jurnal De Mecanique Appliquee, 1977, 1 (2): 113-132.

[120] BANERJEE P K, MUSTOE G G. The boundary element method for two-dimensional problems of elastoplasticity [C]// 1st International Conference on Recent Advances in Boundary Element Methods. Plymouth: Pentech Press, 1978: 283-300.

[121] BANERJEE P K, CATHIE D N. A direct formulation and numerical implementation of the boundary element method for two-dimensional problems of elasto-plasticity [J]. International Journal of Mechanical Sciences, 1980, 22 (4): 233-245.

[122] CATHIE D N. On the implementation of elasto-plastic boundary element analysis [J]. Applied Mathematical Modelling, 1981, 5 (1): 39-44.

[123] HENRY D P, BANERJEE P K. A new bem formulation for tow- and three-dimensional elastoplasticity using particular integras [J]. International journal for numerical methods in engineering, 1988, 26 (9): 2079-2096.

[124] 郭学东, 陈浚华, 张理苏. 平面弹塑性问题的边界元求解 [J]. 吉林大学学报 (工学版), 1990 (2): 60-66.

[125] 董春迎. 弹塑性边界元法的若干基础性研究及在接触问题上的应用 [D]. 北京: 清华大学, 1992.

[126] 张明. 弹塑性双材料界面裂纹问题的边界元法 [D]. 北京: 清华大学, 1995.

[127] GAO X W. A boundary element method without internal cells for two-dimensional and three-dimensional elastoplastic problems [J]. Journal of Applied Mechanics, 2002, 69 (2): 154-160.

[128] GAO X W. Boundary element analysis in thermoelasticity with and without internal cells [J]. International Journal for Numerical Methods in Engineering, 2003, 57 (7): 975-990.

[129] 邓琴, 李春光, 王水林. 无域积分的弹塑性边界元法的非线性互补方法 [J]. 工程力学,

2012, 29 (7): 49-55.

[130] KONTONI D P N, BESKOS D E. BEM dynamic analysis of materially nonlinear problems [C]// Boundary Elements X. Berlin: Springer-Verlag, 1988, 3: 119-132.

[131] CARRER J A M, TELLES J C F. Transient dynamic elastoplastic analysis by the boundary element method [C]// Brebbia C A. Boundary Element Technology Ⅵ. Southampton and London: Computational Mechanics Publications and Elsevier Applied Science, 1991: 265-277.

[132] CARRER J A M, TELLES J C F. A boundary element formulation to solve transient dynamic elastoplastic problems [J]. Computers and Structures, 1992, 45 (4): 707-713.

[133] TELLES J C F, CARRER J A M. Static and transient dynamic nonlinear stress analysis by the boundary element method with implicit techniques [J]. Engineering Analysis with Boundary Elements, 1994, 14 (1): 65-74.

[134] HATZIGEORGIOU G D, BESKOS D E. Dynamic elastoplastic analysis of 3-D structures by the domain/boundary element method [J]. Computers & Structures, 2002, 80 (3-4): 339-347.

[135] PARTRIDGE P W, BREBBIA C A, WROBEL L C. The dual reciprocity boundary element method [M]. Southampton and London: Computational Mechanics Publications and Elsevier Applied Science, 1992.

[136] KONTONI D P N, BESKOS D E. Applications of the DR-DEM in inelastic dynamic problems [C]// Brebbia C A, Dominguez J, Paris F. Boundary Elements XⅣ. Southampton: Computational Mechanics Publications, 1992, 2: 259-273.

[137] KONTONI D P N. The dual reciprocity boundary element method for the transient dynamic analysis of elastoplastic problems [C]//Boundary Element Technology Ⅶ, 1992: 653-669.

[138] KONTONI D P N. Elastoplastic dynamic analysis by the dr-bem in modal co-ordinates [J]. Transactions on Modelling and Simulation, 1993, 3: 191-202.

[139] KONTONI D P N, BESKOS D E. Transient dynamic elastoplastic analysis by the dual reciprocity BEM [J]. Engineering Analysis with Boundary Elements, 1993, 12 (1): 1-16.

[140] DEHGHAN M, SAFARPOOR M. The dual reciprocity boundary integral equation technique to solve a class of the linear and nonlinear fractional partial differential equations [J]. Mathematical Methods in the Applied Sciences, 2016, 39 (10): 2461-2476.

[141] AHMAD S, BANERJEE P K. Inelastic transient dynamic analysis of three-dimensional problems by BEM [J]. International Journal for Numerical Methods in Engineering, 1990, 29 (2): 371-390.

[142] ISRAIL A S M, BANERJEE P K. Advanced development of boundary element method for two-dimensional dynamic elasto-plasticity [J]. International Journal of Solids and Structures, 1992, 29 (11): 1433-1451.

[143] LI H J, LEI W D, ZHOU H, et al. Analytical treatment on singularities for 2-d elastoplastic dynamics by time domain boundary element method using hadamard principle integral [J].

Engineering Analysis with Boundary Elements, 2021, 129: 93-104.

[144] LI H J, LEI W D, CHEN R, et al. A study on boundary integral equations for dynamic elastoplastic analysis for the plane problem by td-bem [J]. Acta Mechanica Sinica, 2021, 37 (4): 662-678.

[145] SOARES D, CARRER J A M, MANSUR W J. Non-linear elastodynamic analysis by the bem: an approach based on the iterative coupling of the d-bem and td-bem formulations [J]. Engineering Analysis with Boundary Elements, 2005, 29 (8): 761-774.

2 边界元法理论基础

2.1 弹性动力学基本方程与边界条件

2.1.1 基本概念

弹性动力学是固体力学的重要分支学科之一，主要研究在动荷载作用下，应力波在弹性体内的传播过程引起各点的位移、应力和应变随位置和时间的变化规律。弹性动力学中经常用到的基本概念有外力、应力、应变和位移。

作用于物体的外力可以分为体积力和表面力，分别简称为体力和面力。体力是分布在物体体积内的力，例如重力和惯性力。物体内任意一点 P 所受体力的集度是一个矢量，可以用它在直角坐标系 (x, y, z) 的三个坐标轴上的投影 f_x、f_y、f_z 来表示，称为该物体在 P 点的体力分量，以沿坐标轴正方向为正、沿坐标轴负方向为负。面力是分布在物体表面的力，例如流体压力和接触力。物体表面各点受面力的情况，一般也是不相同的。物体表面任意一点 P 所受面力的集度也是一个矢量，可以用它在直角坐标系 (x, y, z) 的三个坐标轴上的投影 $\bar{f}_x$、$\bar{f}_y$、$\bar{f}_z$ 来表示，称为该物体表面 P 点的面力分量，以沿坐标轴正方向为正、沿坐标轴负方向为负。

物体受外力作用后，其内部将产生应力，即物体本身不同部分之间相互作用的力的集度。受力物体内，不仅各点的应力不一样，而且经过同一点的不同截面上的应力也不一样。物体内任意一点 P 的应力状态，可以用经过该点的三个坐标面上的应力矢量的三个分量来表示；坐标面根据其外法线方向来定义，当其外法线方向与坐标轴方向一致时称为正坐标面，反之为负坐标面，如图 2-1 所示。在前后两个 x 面上，应力矢量的三个分量用 σ_x、τ_{xy}、τ_{xz} 表示。σ_x 为作用于 x 面上沿 x 方向的正应力，τ_{xy}、τ_{xz} 分别为作用于 x 面上沿 y 方向与 z 方向的切应力。在正 x 面上，应力分量以沿坐标轴正方向为正，沿坐标轴负方向为负；在负 x 面上，应力分量以沿坐标轴负方向为正，沿坐标轴正方向为负。类似地，在两个 y 面与两个 z 面上，应力矢量的三个分量分别用 σ_y、τ_{yx}、τ_{yz} 与 σ_z、τ_{zx}、τ_{zy} 表示，σ_y、σ_z 为正应力，τ_{yx}、τ_{yz} 与 τ_{zx}、τ_{zy} 为切应力。它们均遵循"正面上沿正向为正、负向为负，负面上沿负向为正、正向为负"的原则。

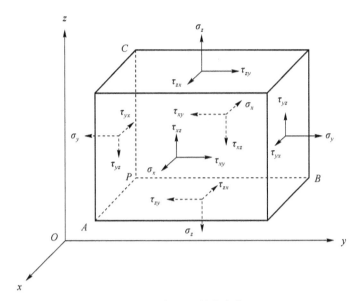

图 2-1 坐标面上的应力分量

物体受外力作用后，会发生形变，包括形状和大小的改变，物体的几何特性总可以用它各部分的长度和相对角度来表示，因此，物体的形变总可以归结为物体内线段长度的改变——正应变以及两线段之间的夹角改变——切应变，正应变影响物体大小的变化，切应变影响物体形状的变化。物体内任意一点 P 的形变状态，可以用从 P 点沿坐标轴 x、y、z 正方向取的三个微小线段 PA、PB、PC（图2-1）的正应变 ε_x、ε_y、ε_z 与切应变 γ_{xy}、γ_{xz}、γ_{yz}、γ_{yx}、γ_{zx}、γ_{zy} 来表示。正应变 ε_x 表示 x 方向的线段 PA 长度的改变率，以伸长时为正、缩短时为负；γ_{xy}、γ_{xz} 分别表示 x 方向线段 PA 与 y 方向线段 PB 及 z 方向线段 PC 之间直角的改变，以直角变小时为正、变大时为负。其余正应变及切应变的意义类似。

所谓位移，就是位置的移动。物体内任意一点的位移，用它在 x、y、z 三个轴上的投影 u、v、w 表示，以沿坐标轴正方向为正、沿坐标轴负方向为负。这三个投影分别对应该点的三个位移分量。

一般而论，受力弹性体内任意一点在任意时刻的体力分量、面力分量、应力分量、应变分量和位移分量，都是随着该点的位置和时间变化而变化的，因而都是位置坐标和时间的函数。

在弹性动力学里所解的问题，通常已知物体的形状和大小、物体的弹性常数、物体所受的体力以及物体边界上所受的约束情况或面力，要求解出物体的应力分量、应变分量和位移分量。

在弹性动力学里，假定所考察的物体是理想弹性体，亦即是连续的、完全弹性的、均匀的以及各向同性的；还假定物体的位移和应变都是微小的。在这些假定的前提下，从动力学、几何学、物理学三方面加以考察，可得弹性动力学问题的基本方程。而弹塑性动力学，尚需考虑弹塑性本构关系。

2.1.2　弹性动力学空间问题

2.1.2.1　运动微分方程

在物体内割取一个微小的平行六面体，它的六个面垂直于坐标轴，而棱边的长度分别为 $PA = dx$、$PB = dy$、$PC = dz$，如图 2-2 所示。由于应力分量是位置坐标的函数，因此，作用在六面体前后、左右、上下两对面上的应力分量不完全相同，具有微小的差量。例如，作用在后面的正应力是 σ_x，则作用在前面的正应力由于坐标 x 改变了 dx，应当是 $\sigma_x + \dfrac{\partial \sigma_x}{\partial x} dx$，余类推。由于所取的六面体是微小的，因而可以认为体力在六面体内是均匀分布的。

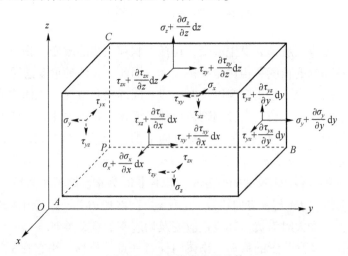

图 2-2　受力作用的微分体

根据空间一般力系的平衡条件，以连接六面体两对面中心的三条直线为矩轴，列出力矩平衡方程，略去微量以后，得

$$\tau_{yz} = \tau_{zy}, \quad \tau_{zx} = \tau_{xz}, \quad \tau_{xy} = \tau_{yx}$$

这证明了切应力的互等性。

图 2-2 中的微元体 x、y、z 方向的体力分别为 f_x、f_y、f_z，惯性力分别为 $-\rho \dfrac{\partial^2 u}{\partial t^2} dx dy dz$、$-\rho \dfrac{\partial^2 v}{\partial t^2} dx dy dz$、$-\rho \dfrac{\partial^2 w}{\partial t^2} dx dy dz$，$\rho$ 为介质材料的质量密度。再以三个坐标轴为投影轴，根据达朗贝尔原理，得到微元体的运动微分方程

$$\begin{cases} \dfrac{\partial \sigma_x}{\partial x} + \dfrac{\partial \tau_{yx}}{\partial y} + \dfrac{\partial \tau_{zx}}{\partial z} + f_x = \rho\, \dfrac{\partial^2 u}{\partial t^2} \\[3mm] \dfrac{\partial \tau_{xy}}{\partial x} + \dfrac{\partial \sigma_y}{\partial y} + \dfrac{\partial \tau_{zy}}{\partial z} + f_y = \rho\, \dfrac{\partial^2 v}{\partial t^2} \\[3mm] \dfrac{\partial \tau_{xz}}{\partial x} + \dfrac{\partial \tau_{yz}}{\partial y} + \dfrac{\partial \sigma_z}{\partial z} + f_z = \rho\, \dfrac{\partial^2 w}{\partial t^2} \end{cases} \tag{2-1}$$

2.1.2.2 几何方程

几何方程是指应变分量与位移分量之间的关系式，在小变形的前提下，可以利用原始尺寸原理，且可略去位移与应变的高阶微量，几何方程可简化为线性方程。为了方便，首先考察 xOy 平面内的几何方程。如图 2-3 所示，经过弹性体内的任意一点 P，沿 x 轴和 y 轴的正方向取两个微分线段 $PA = \mathrm{d}x$ 和 $PB = \mathrm{d}y$。假定弹性体受力后，P、A、B 三点分别移动到 P'、A'、B'。

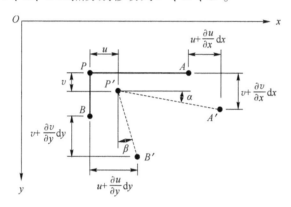

图 2-3　微分线段的应变与位移

设 P 点在 x、y 两方向的位移分别是 u、v；对于 A 点，由于 x 坐标为 $x + \mathrm{d}x$，将 x、y 两方向的位移用泰勒级数的展开式表示，并略去二阶及以上的高阶微量，将分别是 $u + \dfrac{\partial u}{\partial x}\mathrm{d}x$、$v + \dfrac{\partial v}{\partial x}\mathrm{d}x$；同理，$B$ 点在 x、y 两方向上的位移分别是 $u + \dfrac{\partial u}{\partial y}\mathrm{d}y$、$v + \dfrac{\partial v}{\partial y}\mathrm{d}y$。可得线段 PA 的正应变为

$$\varepsilon_x = \frac{u + \dfrac{\partial u}{\partial x}\mathrm{d}x - u}{\mathrm{d}x} = \frac{\partial u}{\partial x} \tag{2-2a}$$

对于小变形问题，由于 y 方向位移所引起的 PA 伸缩是高阶微量，此处略去不计。同理，可得线段 PB 的正应变为

$$\varepsilon_y = \frac{\partial v}{\partial y} \tag{2-2b}$$

切应变 γ_{xy} 表示线段 PA 与 PB 之间的直角改变量，因此

$$\gamma_{xy} = \alpha + \beta = \frac{v + \frac{\partial v}{\partial x}\mathrm{d}x - v}{\mathrm{d}x} + \frac{u + \frac{\partial u}{\partial y}\mathrm{d}y - u}{\mathrm{d}y} = \frac{\partial v}{\partial x} + \frac{\partial u}{\partial y} \tag{2-2c}$$

用同样的方法考察 xOz 平面和 yOz 平面内的几何方程，连同式（2-2），可得空间问题的几何方程为

$$\begin{cases} \varepsilon_x = \dfrac{\partial u}{\partial x} \\[2mm] \varepsilon_y = \dfrac{\partial v}{\partial y} \\[2mm] \varepsilon_z = \dfrac{\partial w}{\partial z} \\[2mm] \gamma_{yz} = \dfrac{\partial v}{\partial z} + \dfrac{\partial w}{\partial y} \\[2mm] \gamma_{zx} = \dfrac{\partial w}{\partial x} + \dfrac{\partial u}{\partial z} \\[2mm] \gamma_{xy} = \dfrac{\partial u}{\partial y} + \dfrac{\partial v}{\partial x} \end{cases} \tag{2-3}$$

2.1.2.3 物理方程

物理方程是指受力物体的应变分量与应力分量之间的关系式。对于理想弹性体，应变分量与应力分量之间的关系由胡克定律给出，如下

$$\begin{cases} \varepsilon_x = \dfrac{1}{E}\left[\sigma_x - \nu(\sigma_y + \sigma_z)\right] \\[2mm] \varepsilon_y = \dfrac{1}{E}\left[\sigma_y - \nu(\sigma_z + \sigma_x)\right] \\[2mm] \varepsilon_z = \dfrac{1}{E}\left[\sigma_z - \nu(\sigma_x + \sigma_y)\right] \\[2mm] \gamma_{yz} = \dfrac{1}{\mu}\tau_{yz} \\[2mm] \gamma_{zx} = \dfrac{1}{\mu}\tau_{zx} \\[2mm] \gamma_{xy} = \dfrac{1}{\mu}\tau_{xy} \end{cases} \tag{2-4}$$

式中，E 为弹性模量；μ 为剪切模量；ν 为泊松比。这三个弹性常数之间有如下的关系

$$\mu = \frac{E}{2(1 + \nu)} \tag{2-5}$$

由于应力分量与应变分量之间的线性关系，物理方程式（2-4）还可以改写为将应力分量用应变分量来表示的形式，即

$$\begin{cases} \sigma_x = \lambda e + 2\mu\varepsilon_x \\ \sigma_y = \lambda e + 2\mu\varepsilon_y \\ \sigma_z = \lambda e + 2\mu\varepsilon_z \\ \tau_{yz} = \mu\gamma_{yz} \\ \tau_{zx} = \mu\gamma_{zx} \\ \tau_{xy} = \mu\gamma_{xy} \end{cases} \tag{2-6}$$

其中，$\lambda = \dfrac{E\nu}{(1 + \nu)(1 - 2\nu)}$，$e = \varepsilon_x + \varepsilon_y + \varepsilon_z$；$\lambda$ 和 μ 为拉梅常数，e 为体积应变。

将式（2-6）的前三式相加，可得

$$\Theta = (3\lambda + 2\mu)e = \frac{E}{1 - 2\nu}e \tag{2-7}$$

式中，$\Theta = \sigma_x + \sigma_y + \sigma_z$；$\Theta$ 为体积应力。式（2-7）也可以改写为

$$e = \frac{1}{3\lambda + 2\mu}\Theta = \frac{1 - 2\nu}{E}\Theta \tag{2-8}$$

2.1.2.4　边界条件与初始条件

边界条件表示应力的边界值应该就是该边界上所作用的面力，位移的边界值应该满足该边界所受的约束。

为了考察应力的边界值，在边界处取微小的四面体 $PABC$（图 2-4），ABC 面是物体受面力作用的边界面，其他三个面均是坐标面，这四个面上的受力情况如图 2-4 所示。考察该四面体的平衡条件，可得 ABC 面上的应力矢量在三个坐标轴上的投影为

$$\begin{cases} p_x = k\sigma_x + l\tau_{yx} + m\tau_{zx} \\ p_y = k\tau_{xy} + l\sigma_y + m\tau_{zy} \\ p_z = k\tau_{xz} + l\tau_{yz} + m\sigma_z \end{cases} \tag{2-9}$$

式中，k、l、m 为 ABC 面的外法线 $\boldsymbol{n}$ 的方向余弦。

当 P 点是物体内的点，p_x、p_y、p_z 即是经过 P 点的外法线方向余弦为 l、m、n 的斜面上的应力分量。现在所考察的 P 点是受面力作用的边界上的点，则 p_x、p_y、p_z 应该就是面力分量 $\bar{f}_x$、$\bar{f}_y$、$\bar{f}_z$，于是可由式（2-9）得应力边界条件

$$(p_x)_{S_2} = \bar{f}_x, \quad (p_y)_{S_2} = \bar{f}_y, \quad (p_z)_{S_2} = \bar{f}_z \tag{2-10a}$$

式中，S_2 为受面力作用的边界。

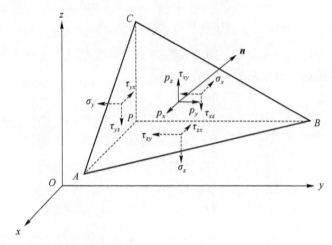

图 2-4　边界上受力作用的微分体

在物体给定约束位移的边界 S_1 上，位移分量应当满足下列三个位移边界条件

$$(u)_{S_1} = \bar{u}, \quad (v)_{S_1} = \bar{v}, \quad (w)_{S_1} = \bar{w} \tag{2-10b}$$

式中，$\bar{u}$、$\bar{v}$、$\bar{w}$ 为 S_1 边界上位移分量的已知值。

边界上面力分量 $\bar{f}_x$、$\bar{f}_y$、$\bar{f}_z$ 与 $\bar{u}$、$\bar{v}$、$\bar{w}$ 均为位置坐标和时间的函数。

当时间为零时，物体的状态称为初始条件。在受力体 D 内，初始位移条件

$$(u)_{D,t=0} = \hat{u}, \quad (v)_{D,t=0} = \hat{v}, \quad (w)_{D,t=0} = \hat{w} \tag{2-11a}$$

初始速度条件

$$(\dot{u})_{D,t=0} = \hat{\dot{u}}, \quad (\dot{v})_{D,t=0} = \hat{\dot{v}}, \quad (\dot{w})_{D,t=0} = \hat{\dot{w}} \tag{2-11b}$$

初始应力条件

$$(\sigma_x)_{D,t=0} = \hat{\sigma}_x, \quad (\sigma_y)_{D,t=0} = \hat{\sigma}_y, \quad (\sigma_z)_{D,t=0} = \hat{\sigma}_z$$
$$(\tau_{xy})_{D,t=0} = \hat{\tau}_{xy}, \quad (\tau_{xz})_{D,t=0} = \hat{\tau}_{xz}, \quad (\tau_{yz})_{D,t=0} = \hat{\tau}_{yz} \tag{2-11c}$$

当时间为零时，式 (2-10) 成为初始边界条件。

总结起来，所谓弹性动力学问题就是在边界条件式 (2-10) 与初始条件式 (2-11) 下，求解平衡微分方程式 (2-1)、几何方程式 (2-3) 以及物理方程式 (2-4) 或式 (2-6)，共 15 个方程。解出的未知函数共有 15 个，即 6 个应力分量、6 个应变分量与 3 个位移分量。

以上给出的是一般空间问题的基本方程与边界条件，当所考察物体的形状比较特殊、受力与约束也比较特殊时，未知函数的数目将大大减少，上述基本方程与边界条件也得到大大简化。下面考察平面应力问题、平面应变问题的基本方程与边界条件。

2.1.3 弹性动力学平面问题

2.1.3.1 基本概念

第一类平面问题是平面应力问题，是指很薄的等厚度薄板，只在板边上受有平行于板面并且不沿厚度变化的面力或约束，同时，体力也平行于板面并且不沿厚度变化，如图 2-5 所示。以薄板的中面为 xy 面，由于板很薄，板面又不受力，可以近似认为整个薄板的各点都有 $\sigma_z = 0$，$\tau_{zx} = 0$，$\tau_{zy} = 0$，于是只剩下平行于 xy 面的三个应力分量 σ_x、σ_y、τ_{xy}（$\tau_{xy} = \tau_{yx}$）不等于零。

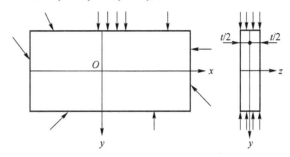

图 2-5 边界上受力作用的微分体

第二类平面问题是平面应变问题，是指等截面长柱体，在柱面上受有平行于横截面而且不沿长度变化的面力或约束，同时，体力也平行于横截面而且不沿长度变化，如图 2-6 所示。以任一横截面为 xy 面，由于任一横截面都可以近似看作是对称面，可知 $w = 0$ 以及 $\tau_{zx} = 0$、$\tau_{zy} = 0$，从而可得 $\varepsilon_z = 0$，$\gamma_{zx} = 0$，$\gamma_{zy} = 0$，于是只剩下平行于 xy 面的三个应变分量 ε_x、ε_y、γ_{xy}（$\gamma_{xy} = \gamma_{yx}$）不等于零。

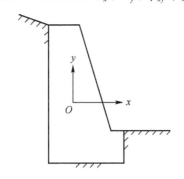

图 2-6 边界上受力作用的微分体

2.1.3.2 基本方程

根据两类平面问题的特点，可由式（2-1）得平面问题的运动微分方程为

$$
\begin{cases}
\dfrac{\partial \sigma_x}{\partial x} + \dfrac{\partial \tau_{yx}}{\partial y} + f_x = \rho \dfrac{\partial^2 u}{\partial t^2} \\[3mm]
\dfrac{\partial \tau_{xy}}{\partial x} + \dfrac{\partial \sigma_y}{\partial y} + f_y = \rho \dfrac{\partial^2 v}{\partial t^2}
\end{cases}
\tag{2-12}
$$

由式（2-3）得平面问题的几何方程为

$$
\begin{cases}
\varepsilon_x = \dfrac{\partial u}{\partial x} \\[3mm]
\varepsilon_z = \dfrac{\partial v}{\partial y} \\[3mm]
\gamma_{xy} = \dfrac{\partial u}{\partial y} + \dfrac{\partial v}{\partial x}
\end{cases}
\tag{2-13}
$$

由式（2-4）得平面应力问题的物理方程为

$$
\begin{cases}
\varepsilon_x = \dfrac{1}{E}(\sigma_x - \nu \sigma_y) \\[3mm]
\varepsilon_y = \dfrac{1}{E}(\sigma_y - \nu \sigma_x) \\[3mm]
\gamma_{xy} = \dfrac{1}{\mu}\tau_{xy}
\end{cases}
\tag{2-14a}
$$

由于平面应力问题的 $\sigma_z = 0$，则可由式（2-4）的第三式得 $\varepsilon_z = -\dfrac{\nu}{E}(\sigma_x + \sigma_y)$。

同样，由于平面应变问题的 $\varepsilon_z = 0$，则可由式（2-4）的第三式得 $\sigma_z = \nu(\sigma_x + \sigma_y)$，代入式（2-4）的第一、第二两式，经整理后，连同式（2-4）的第六式，便得平面应变问题的物理方程为

$$
\begin{cases}
\varepsilon_x = \dfrac{1-\nu^2}{E}\left(\sigma_x - \dfrac{\nu}{1-\nu}\sigma_y\right) \\[3mm]
\varepsilon_y = \dfrac{1-\nu^2}{E}\left(\sigma_y - \dfrac{\nu}{1-\nu}\sigma_x\right) \\[3mm]
\gamma_{xy} = \dfrac{1}{\mu}\tau_{xy}
\end{cases}
\tag{2-14b}
$$

式（2-14a）和式（2-14b）也可改写成用应变分量表示应力分量的形式，如式（2-15）所示。但须注意，对于平面应力问题，需要将拉梅常数 λ 中弹性模量 E、泊松比 ν 分别以 $\dfrac{1+2\nu}{(1+\nu)^2}E$、$\dfrac{\nu}{1+\nu}$ 进行替换。

$$\begin{cases} \sigma_x = (2\mu + \lambda)\varepsilon_x + \lambda\varepsilon_y \\ \sigma_y = \lambda\varepsilon_x + (2\mu + \lambda)\varepsilon_y \\ \tau_{xy} = \mu\gamma_{xy} \end{cases} \qquad (2\text{-}15)$$

由式（2-12）~式（2-15）可知，两类平面问题仅物理方程有所不同，而且只需将式（2-14a）中的 E 与 ν 用 $\dfrac{E}{1-\nu^2}$ 与 $\dfrac{\nu}{1-\nu}$ 进行代替，即得式（2-14b），将式（2-14b）中的 E 与 ν 用 $\dfrac{1+2\nu}{(1+\nu)^2}E$、$\dfrac{\nu}{1+\nu}$ 进行替换，即得式（2-14a）。

2.1.3.3 边界条件与初始条件

根据两类平面问题的特点，可由式（2-10a）得平面问题的边界条件，面力边界条件为

$$(p_x)_{\Gamma_2} = \bar{f}_x, \quad (p_y)_{\Gamma_2} = \bar{f}_y \qquad (2\text{-}16a)$$

式中，Γ_2 为受面力作用的边界。

位移边界条件

$$(u)_{\Gamma_1} = \bar{u}, \quad (v)_{\Gamma_1} = \bar{v} \qquad (2\text{-}16b)$$

式中，$\bar{u}$、$\bar{v}$ 为 Γ_1 边界上位移分量的已知值。

由式（2-11）可得平面问题的初始条件，在面域 Ω 内，初始位移条件为

$$(u)_{\Omega,\, t=0} = \hat{u}, \quad (v)_{\Omega,\, t=0} = \hat{v} \qquad (2\text{-}17a)$$

初始速度条件

$$(\dot{u})_{\Omega,\, t=0} = \hat{\dot{u}}, \quad (\dot{v})_{\Omega,\, t=0} = \hat{\dot{v}} \qquad (2\text{-}17b)$$

初始应力条件

$$(\sigma_x)_{\Omega,\, t=0} = \hat{\sigma}_x, \quad (\sigma_y)_{\Omega,\, t=0} = \hat{\sigma}_y (\tau_{xy})_{\Omega,\, t=0} = \hat{\tau}_{xy} \qquad (2\text{-}17c)$$

当时间为零时，式（2-16）成为初始边界条件。

2.2 指标符号表示的基本方程与边界条件

2.2.1 指标符号与求和约定

一组共有 n 个量的常量或者变量可以用带下指标的符号分别表示为 a_1, a_2, $\cdots$, a_n 或者 x_1, x_2, $\cdots$, x_n, 简记为 a_i $(i=1, 2, \cdots, n)$ 以及 x_i $(i=1, 2, \cdots, n)$。a_i 与 x_i 即为指标符号，i 称为下指标，$(1, 2, \cdots, n)$ 为下指标 i 的集合。当 a_i 或者 x_i 单独出现时，分别代表相应集合中任意一个常量或者变量。利用指标符号，空间直角坐标系 x, y, z 表示为 x_1, x_2, x_3, 简记为 x_j $(j=1, 2, 3)$。

利用指标符号，可以将弹性力学中的有关变量表示如表 2-1 所示，其中下指

标 k、l 的集合均为（1，2，3）。

表 2-1   弹性力学中的常用符号

量的名称	常用符号	指标符号	简 记
方向余弦	α，β，γ	n_1，n_2，n_3	n_k
体力分量	f_x，f_y，f_z	b_1，b_2，b_3	b_k
面力分量	$\bar{f}_x$，$\bar{f}_y$，$\bar{f}_z$	$\bar{p}_1$，$\bar{p}_2$，$\bar{p}_3$	$\bar{p}_k$
位移分量	u，v，w	u_1，u_2，u_3	u_k
应力分量	σ_x，τ_{xy}，τ_{xz} τ_{yx}，σ_y，τ_{yz} τ_{zx}，τ_{zy}，σ_z	σ_{11}，σ_{12}，σ_{13} σ_{21}，σ_{22}，σ_{23} σ_{31}，σ_{32}，σ_{33}	σ_{kl}
应变分量	ε_x，$\frac{1}{2}\gamma_{xy}$，$\frac{1}{2}\gamma_{xz}$ $\frac{1}{2}\gamma_{yx}$，ε_y，$\frac{1}{2}\gamma_{yz}$ $\frac{1}{2}\gamma_{zx}$，$\frac{1}{2}\gamma_{zy}$，ε_z	ε_{11}，ε_{12}，ε_{13} ε_{21}，ε_{22}，ε_{23} ε_{31}，ε_{32}，ε_{33}	ε_{kl}

利用指标符号，还可以将三元线性代数方程组写为

$$\begin{cases} a_{11}x_1 + a_{12}x_2 + a_{13}x_3 = b_1 \\ a_{21}x_1 + a_{22}x_2 + a_{23}x_3 = b_2 \\ a_{31}x_1 + a_{32}x_2 + a_{33}x_3 = b_3 \end{cases} \tag{2-18a}$$

利用求和符号 Σ，式（2-18a）成为

$$\begin{cases} \displaystyle\sum_{k=1}^{3} a_{1k}x_k = b_1 \\ \displaystyle\sum_{k=1}^{3} a_{2k}x_k = b_2 \\ \displaystyle\sum_{k=1}^{3} a_{3k}x_k = b_3 \end{cases} \tag{2-18b}$$

为了得到更简洁的书写形式，我们约定如下的求和规则：如果在公式的某一项中，某一下指标出现两次，则表明这一项对该下指标遍历其整个集合求和。根据这个求和规定，式（2-18b）可以表示为

$$\begin{cases} a_{1k}x_k = b_1 \\ a_{2k}x_k = b_2 \quad k = 1，2，3 \\ a_{3k}x_k = b_3 \end{cases} \tag{2-18c}$$

式（2-18c）中，k 是在指标符号公式的某一项中出现了两次的下指标，表

示这一项应对 k 分别取 1、2、3 后求和。显然，若将下指标 k 改为其他字母，例如 m 或 n，只要它们的集合仍为 (1，2，3)，并不影响求和的结果，故称在一项中出现两次的下指标 k 为哑指标，简称哑标。

我们还可以将式 (2-18c) 的三个式子合并为如下一个式子

$$a_{lk}x_k = b_l \qquad k,\ l = 1,\ 2,\ 3 \tag{2-19a}$$

式中，下指标 l 在指标符号公式的每一项均只出现一次，它的每一取值对应一个方程，称为自由指标。可见，三元线性代数方程组式 (2-18) 之所以能简洁地用式 (2-19a) 来表示，是利用了自由指标将三个方程用一个方程表示，利用了哑指标将三项之和用一项表示。类似地，n 元线性代数方程组可以用指标符号表示为

$$a_{lk}x_k = b_l \qquad k,\ l = 1,\ 2,\ \cdots,\ n \tag{2-19b}$$

式中，k 为哑指标；l 为自由指标。

式 (2-19b) 也可以写为

$$a_{kl}x_l = b_k \qquad k,\ l = 1,\ 2,\ \cdots,\ n \tag{2-19c}$$

式中，l 为哑指标；k 为自由指标。

必须指出，在同一公式的不同项中，对应的自由指标必须用相同的字母，例如式 (2-19c) 不能写成 $a_{kl}x_l = b_m$。

有时在公式的某一项中会出现两对哑指标，例如 $a_{kl}x_kx_l$，这时，各对哑指标必须采用不同的字母，并且每对哑指标都服从求和约定，亦即

$$a_{kl}x_kx_l = \sum_{k=1}^{n}\sum_{l=1}^{n}a_{kl}x_kx_l \tag{2-20a}$$

利用指标符号的求和约定，并且当指标的集合为 (1，2) 时，有以下各式

$$a_kx_k = a_1x_1 + a_2x_2 \tag{2-20b}$$

$$a_{kk} = a_{11} + a_{22} \tag{2-20c}$$

$$a_{kl}x_kx_l = a_{11}x_1x_1 + a_{12}x_1x_2 + a_{21}x_2x_1 + a_{22}x_2x_2 \tag{2-20d}$$

在采用指标符号的公式中，常用下指标 "，" 来表示对坐标分量的偏导数。例如，$\dfrac{\partial u}{\partial x_k}$ 可以简记为 $u_{,k}$，$\dfrac{\partial^2 u_k}{\partial x_k \partial x_l}$ 可以简记为 $u_{k,kl}$。于是有

$$\frac{\partial u}{\partial x_k} = \frac{\partial u}{\partial x_1} + \frac{\partial u}{\partial x_2} + \frac{\partial u}{\partial x_3} = u_{,1} + u_{,2} + u_{,3} = u_{,k} \tag{2-21a}$$

$$\frac{\partial^2 u_k}{\partial x_k \partial x_l} = \frac{\partial u_1}{\partial x_1 \partial x_1} + \frac{\partial u_1}{\partial x_1 \partial x_2} + \frac{\partial u_2}{\partial x_2 \partial x_1} + \frac{\partial u_2}{\partial x_2 \partial x_2} = u_{1,11} + u_{1,12} + u_{2,21} + u_{2,22} = u_{k,kl}$$

$$\tag{2-21b}$$

在数学物理问题中，经常用到一个特定的指标符号 δ_{kl}，称为克朗内克 δ（Kronecker δ），它的定义为

$$\delta_{kl} = \begin{cases} 1 & k = l \\ 0 & k \neq l \end{cases} \tag{2-22a}$$

当 k、l 的集合为（1，2）时，δ_{kl} 即为

$$\begin{cases} \delta_{11} = \delta_{22} = 1 \\ \delta_{12} = \delta_{21} = 0 \end{cases} \tag{2-22b}$$

由求和约定，得到

$$\delta_{kk} = \delta_{11} + \delta_{22} \tag{2-22c}$$

由于

$$\delta_{kl} a_k = \delta_{1l} a_1 + \delta_{2l} a_2 + \delta_{3l} a_3 = \begin{cases} a_1 & l = 1 \\ a_2 & l = 2 \\ a_3 & l = 3 \end{cases} \tag{2-23a}$$

可见

$$\delta_{kl} a_k = a_l \tag{2-23b}$$

亦即将 δ_{kl} 与 a_k 相乘，相当于将 a_k 的下指标 k 被下指标 l 所代替，故 δ_{kl} 亦称为代替符号。类似可写出

$$\delta_{kl} a_{lm} = a_{km}, \quad \delta_{kl} a_{km} = a_{lm}, \quad \delta_{kl} \delta_{lm} = \delta_{km} \tag{2-23c}$$

$$\delta_{kl} \delta_{lm} \delta_{mn} = \delta_{kn} \tag{2-23d}$$

下面用指标符号给出弹性力学问题的基本方程与边界条件。

2.2.2 弹性动力学问题的指标表示

2.2.2.1 基本方程

弹性动力学问题基本方程用指标符号表示如下。

平衡微分方程式（2-1）成为

$$\sigma_{kl,l} + b_k = \rho \ddot{u}_k \tag{2-24}$$

式中，$\ddot{u}_k$ 为位移 u_k 对时间的二阶导数，即加速度。

几何方程式（2-3）成为

$$\varepsilon_{kl} = \frac{1}{2}(u_{k,l} + u_{l,k}) \tag{2-25}$$

应力分量用应变分量表示的物理方程式（2-6）成为

$$\sigma_{kl} = \lambda \varepsilon_{mm} \delta_{kl} + 2\mu \varepsilon_{kl} \tag{2-26a}$$

式中，体积应变 $\varepsilon_{mm} = \varepsilon_{11} + \varepsilon_{22} + \varepsilon_{33} = \varepsilon_x + \varepsilon_y + \varepsilon_z$。

由式（2-26a）可得

$$\varepsilon_{kl} = \frac{1}{2\mu}(\sigma_{kl} - \lambda \varepsilon_{mm} \delta_{kl})$$

又，$\varepsilon_{mm} = \dfrac{1}{3\lambda + 2\mu}\sigma_{mm}$，可得到应变分量用应力分量表示的物理方程为

$$\varepsilon_{kl} = \frac{1}{2\mu}\left(\sigma_{kl} - \frac{\lambda}{3\lambda + 2\mu}\sigma_{mm}\delta_{kl}\right) = \frac{1}{2\mu}\left(\sigma_{kl} - \frac{1}{1 + \nu}\sigma_{mm}\delta_{kl}\right) \qquad (2\text{-}26\text{b})$$

式中，体积应力 $\sigma_{mm} = \sigma_{11} + \sigma_{22} + \sigma_{33} = \sigma_x + \sigma_y + \sigma_z$。

广义虎克定律还可以用指标符号写成最一般的形式

$$\sigma_{kl} = E_{klmn}\varepsilon_{mn} \qquad (2\text{-}26\text{c})$$

式中，E_{klmn} 为应力分量与应变分量成正比的弹性系数，对于各向同性材料，E_{klmn} 可以写成 $E_{klmn} = \lambda\delta_{kl}\delta_{mn} + \mu(\delta_{km}\delta_{ln} + \delta_{kn}\delta_{lm})$。

式（2-24）~式（2-26）各式中，$x_k \in \Omega$。

2.2.2.2　边界条件与初始条件

弹性动力学空间问题的边界条件和初始条件也可用指标符号表示。边界条件式（2-10）成为

$$p_k = n_l\sigma_{kl} = \bar{p}_k \quad x_k \in S_2 \qquad (2\text{-}27\text{a})$$

$$u_k = \bar{u}_k \quad x_k \in S_1 \qquad (2\text{-}27\text{b})$$

式（2-27）中，S_1、S_2 分别为给定位移与给定面力的边界，$\bar{u}_k$、$\bar{p}_k$ 分别为已知的位移值与面力值。

初始条件式（2-11）成为

$$u_k = \hat{u}_k \quad t = 0, \ x_k \in D \qquad (2\text{-}28\text{a})$$

$$\dot{u}_k = \hat{\dot{u}}_k \quad t = 0, \ x_k \in D \qquad (2\text{-}28\text{b})$$

$$\sigma_{kl} = \hat{\sigma}_{kl} \quad t = 0, \ x_k \in D \qquad (2\text{-}28\text{c})$$

当时间为零时，式（2-27）成为初始边界条件。

2.2.2.3　纳维叶方程

为了简化问题的求解，现在来导出按位移求解的基本方程，亦即纳维叶方程。将几何方程式（2-25）代入物理方程式（2-26a），并注意到 $\varepsilon_{mm} = u_{m,m}$，得到用位移分量表示的应力分量为

$$\sigma_{kl} = \lambda u_{m,m}\delta_{kl} + \mu(u_{k,l} + u_{l,k}) \qquad (2\text{-}29)$$

再将式（2-29）代入式（2-24），得用位移表示的平衡微分方程，为

$$(\lambda + \mu)u_{l,kl} + \mu u_{k,ll} + b_k = \rho\ddot{u}_k \qquad (2\text{-}30)$$

对于空间问题，式（2-24）~式（2-30）各式下指标的集合为（1, 2, 3）；对于平面问题，除了下指标的集合改为（1, 2）外，还须注意，式（2-26a）、式（2-29）与式（2-30）三式仅适用于平面应变问题。若是平面应力问题，须将这三式中的 E 用 $\dfrac{1 + 2\nu}{(1 + \nu)^2}E$ 来代替、ν 用 $\dfrac{\nu}{1 + \nu}$ 来代替；而式（2-26b）仅适用

于平面应力问题，若是平面应变问题，须将此式中的 E 用 $\dfrac{E}{1-\nu^2}$ 来代替、ν 用

$\dfrac{\nu}{1+\nu}$ 来代替。

2.2.2.4 位移与应力的坐标变换公式

对于图 2-7 所示的 xOy 和 $\bar{x}O\bar{y}$ 两个平面直角坐标系，由几何关系可得弹性力学平面问题中的位移分量的坐标变换公式为

$$\begin{cases} u_x = u_{\bar{x}}\cos\beta - u_{\bar{y}}\sin\beta \\ u_y = u_{\bar{x}}\sin\beta + u_{\bar{y}}\cos\beta \end{cases} \tag{2-31a}$$

以及

$$\begin{cases} u_{\bar{x}} = u_x\cos\beta + u_y\sin\beta \\ u_{\bar{y}} = -u_x\sin\beta + u_y\cos\beta \end{cases} \tag{2-31b}$$

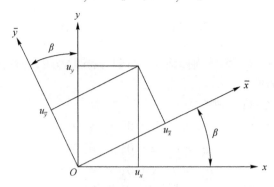

图 2-7 坐标变换下的位移分量

应力分量的坐标变换公式可由图 2-8 所示 4 个微元的平衡条件获得，即

$$\begin{cases} \sigma_x = \sigma_{\bar{x}}\cos^2\beta - 2\tau_{\bar{x}\bar{y}}\sin\beta\cos\beta + \sigma_{\bar{y}}\sin^2\beta \\ \sigma_y = \sigma_{\bar{x}}\sin^2\beta + 2\tau_{\bar{x}\bar{y}}\sin\beta\cos\beta + \sigma_{\bar{y}}\cos^2\beta \\ \tau_{xy} = (\sigma_{\bar{x}} - \sigma_{\bar{y}})\sin\beta\cos\beta + \tau_{\bar{x}\bar{y}}(\cos^2\beta - \sin^2\beta) \end{cases} \tag{2-31c}$$

以及

$$\begin{cases} \sigma_{\bar{x}} = \sigma_x\cos^2\beta + 2\tau_{xy}\sin\beta\cos\beta + \sigma_y\sin^2\beta \\ \sigma_{\bar{y}} = \sigma_x\sin^2\beta - 2\tau_{xy}\sin\beta\cos\beta + \sigma_y\cos^2\beta \\ \tau_{\bar{x}\bar{y}} = -(\sigma_x - \sigma_y)\sin\beta\cos\beta + \tau_{xy}(\cos^2\beta - \sin^2\beta) \end{cases} \tag{2-31d}$$

以上位移分量与应力分量的坐标变换公式可以推广到弹性力学空间问题，并用指标符号来表示。若记 x_k、$\bar{x}_k$ 为两个直角坐标系，u_k、σ_{kl} 以及 $\bar{u}_k$、$\bar{\sigma}_{kl}$ 分别为这两个坐标系内的位移分量与应力分量，α_{kl} 为 $\bar{x}_k$ 轴与 x_l 轴夹角的余弦，于是式

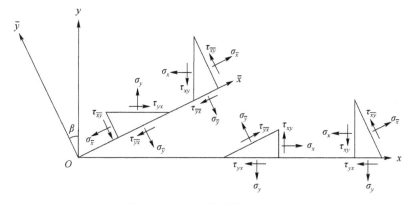

图2-8　坐标变换下的应力分量

（2-31a)~式（2-31d）可分别写为

$$u_k = \alpha_{kl}\bar{u}_l \qquad (2-32a)$$

$$\bar{u}_k = \alpha_{kl}u_l \qquad (2-32b)$$

$$\sigma_{kl} = \alpha_{mk}\alpha_{nl}\bar{\sigma}_{mn} \qquad (2-32c)$$

$$\bar{\sigma}_{kl} = \alpha_{km}\alpha_{ln}\sigma_{mn} \qquad (2-32d)$$

对于空间问题以及平面问题，下指标的集合分别为（1，2，3）以及（1，2）。

2.2.3　积分关系式

2.2.3.1　格林公式

设函数 u 和 v 在区域 Ω 和边界 Γ 上连续可微，则有格林公式

$$\iint_{\Omega}\left(\frac{\partial v}{\partial x} - \frac{\partial u}{\partial y}\right)\mathrm{d}x\mathrm{d}y = \int_{\Gamma}(u\mathrm{d}x + v\mathrm{d}y) \qquad (2-33a)$$

可以用指标符号表示为

$$\iint_{\Omega}(v_{,1} - u_{,2})\mathrm{d}x_1\mathrm{d}x_2 = \int_{\Gamma}(u\mathrm{d}x_1 + v\mathrm{d}x_2) \qquad (2-33b)$$

这是一个积分恒等式。

现考察下述积分

$$\iint_{\Omega} v\,\nabla^2 u\,\mathrm{d}x_1\mathrm{d}x_2 = \iint_{\Omega}(vu_{,11} + vu_{,22})\mathrm{d}x_1\mathrm{d}x_2$$

$$= \iint_{\Omega}\left[(vu_{,1})_{,1} - v_{,1}u_{,1} + (vu_{,2})_{,2} - v_{,2}u_{,2}\right]\mathrm{d}x_1\mathrm{d}x_2$$

$$= \iint_{\Omega}\left[(vu_{,1})_{,1} - (-vu_{,2})_{,2}\right]\mathrm{d}x_1\mathrm{d}x_2 - \iint_{\Omega}(v_{,1}u_{,1} + v_{,2}u_{,2})\mathrm{d}x_1\mathrm{d}x_2$$

$$(2-34)$$

式中，∇^2 为拉普拉斯算子。按式（2-33b），并考虑到 $n_1 = \dfrac{\mathrm{d}x_2}{\mathrm{d}\Gamma}$，$n_2 = -\dfrac{\mathrm{d}x_1}{\mathrm{d}\Gamma}$，式（2-34）可写成

$$
\begin{aligned}
\iint_\Omega v\,\nabla^2 u\,\mathrm{d}x_1\mathrm{d}x_2 &= \int_\Gamma \left[\,(-vu_{,2})\mathrm{d}x_1 + (vu_{,1})\mathrm{d}x_2\,\right] - \iint_\Omega (v_{,1}u_{,1} + v_{,2}u_{,2})\mathrm{d}x_1\mathrm{d}x_2 \\
&= \int_\Gamma (vu_{,2}n_2 + vu_{,1}n_1)\mathrm{d}\Gamma - \iint_\Omega (v_{,1}u_{,1} + v_{,2}u_{,2})\mathrm{d}x_1\mathrm{d}x_2 \\
&= \int_\Gamma vu_{,n}\mathrm{d}\Gamma - \iint_\Omega (v_{,1}u_{,1} + v_{,2}u_{,2})\mathrm{d}x_1\mathrm{d}x_2
\end{aligned}
$$

$$(2\text{-}35\mathrm{a})$$

同理有

$$\iint_\Omega u\,\nabla^2 v\,\mathrm{d}x_1\mathrm{d}x_2 = \int_\Gamma uv_{,n}\mathrm{d}\Gamma - \iint_\Omega (u_{,1}v_{,1} + u_{,2}v_{,2})\mathrm{d}x_1\mathrm{d}x_2 \qquad (2\text{-}35\mathrm{b})$$

将式（2-35a）减去式（2-35b），得格林第二公式

$$\iint_\Omega (v\,\nabla^2 u - u\,\nabla^2 v)\mathrm{d}\Omega = \int_\Gamma (vu_{,n} - uv_{,n})\mathrm{d}\Gamma \qquad (2\text{-}36)$$

这仍是一个积分恒等式。

2.2.3.2 散度定理

设空间闭区域 D 由光滑或分片光滑的闭曲面 S 围成，函数 f_1、f_2、f_3 在 D 上具有一阶连续偏导数，散度定理表示如下

$$\iiint_D \left(\frac{\partial f_1}{\partial x_1} + \frac{\partial f_2}{\partial x_2} + \frac{\partial f_3}{\partial x_3}\right)\mathrm{d}V = \iint_S (f_1 n_1 + f_2 n_2 + f_3 n_3)\mathrm{d}A \qquad (2\text{-}37\mathrm{a})$$

也可简写为

$$\iiint_D f_{k,k}\mathrm{d}V = \iint_S f_k n_k\mathrm{d}A \qquad (2\text{-}37\mathrm{b})$$

式中，n_k 为 D 域的边界 S 的外法线方向余弦。

2.2.3.3 功的互等定理

假设在同一弹性体上有两种不同的动力学状态，第一状态中，弹性体上作用有体力 b_k、面力 p_k 以及相应的惯性力 $-\rho\ddot{u}_k$，产生的应力、应变、位移状态分别为 σ_{kl}、ε_{kl}、u_k；第二状态中，弹性体上作用有体力 b_k'、面力 p_k' 以及相应的惯性力 $-\rho\ddot{u}_k'$，产生的应力、应变、位移状态分别为 σ_{kl}'、ε_{kl}'、u_k'。两种状态分别采用如下平衡微分方程进行描述

$$\sigma_{kl,l} + b_k = \rho\ddot{u}_k \qquad x_k \in \Omega \qquad (2\text{-}38\mathrm{a})$$

$$\sigma_{kl,l}' + b_k' = \rho\ddot{u}_k' \qquad x_k \in \Omega \qquad (2\text{-}38\mathrm{b})$$

功的互等定理表述为：第一状态的力系在第二状态相应的弹性位移上所做的功等于第二状态的力系在第一状态相应的弹性位移上所做的功。用公式表示为

$$\iiint_\Omega (b_k - \rho \ddot{u}_k) u'_k \mathrm{d}\Omega + \iint_\Gamma p_k u'_k \mathrm{d}\Gamma = \iiint_\Omega (b'_k - \rho \ddot{u}'_k) u_k \mathrm{d}\Omega + \iint_\Gamma p'_k u_k \mathrm{d}\Gamma \quad (2\text{-}39)$$

为了证明式（2-39），现考察第一状态的力系在第二状态相应的弹性位移上所做的功

$$w_{12} = \iiint_\Omega (b_k - \rho \ddot{u}_k) u'_k \mathrm{d}\Omega + \iint_\Gamma p_k u'_k \mathrm{d}\Gamma \quad (2\text{-}40)$$

利用 $p_k = \sigma_{lk} n_l$ 和式（2-37b），有

$$\iint_\Gamma p_k u'_k \mathrm{d}\Gamma = \iint_\Gamma n_l \sigma_{kl} u'_k \mathrm{d}\Gamma = \iiint_\Omega (\sigma_{kl} u'_k)_{,l} \mathrm{d}\Omega$$
$$= \iiint_\Omega \sigma_{kl,l} u'_k \mathrm{d}\Omega + \iiint_\Omega \sigma_{kl} u'_{k,l} \mathrm{d}\Omega \quad (2\text{-}41)$$

将式（2-41）代入式（2-40），并由式（2-38b）以及 $\sigma_{kl} = \sigma_{lk}$，得

$$w_{12} = \iiint_\Omega (\sigma_{kl,l} + b_k - \rho \ddot{u}_k) u'_k \mathrm{d}\Omega + \iiint_\Omega \sigma_{kl} u'_{k,l} \mathrm{d}\Omega$$
$$= \iiint_\Omega \frac{1}{2} (\sigma_{kl} u'_{l,k} + \sigma_{lk} u'_{k,l}) \mathrm{d}\Omega$$
$$= \iiint_\Omega \sigma_{kl} \frac{1}{2} (u'_{l,k} + u'_{k,l}) \mathrm{d}\Omega \quad (2\text{-}42\mathrm{a})$$
$$= \iiint_\Omega \sigma_{kl} \varepsilon'_{kl} \mathrm{d}\Omega$$
$$= \iiint_\Omega E_{klmn} \varepsilon_{mn} \varepsilon'_{kl} \mathrm{d}\Omega$$

同样，第二状态的力系在第一状态的相应的弹性位移上所做的功为

$$w_{21} = \iiint_\Omega (b'_k - \rho \ddot{u}'_k) u_k \mathrm{d}\Omega + \iint_\Gamma p'_k u_k \mathrm{d}\Gamma$$
$$= \iiint_\Omega \sigma'_{kl} \varepsilon_{kl} \mathrm{d}\Omega$$
$$= \iiint_\Omega E_{klmn} \varepsilon'_{mn} \varepsilon_{kl} \mathrm{d}\Omega \quad (2\text{-}42\mathrm{b})$$
$$= \iiint_\Omega E_{mnkl} \varepsilon_{kl} \varepsilon'_{mn} \mathrm{d}\Omega$$

由于 $E_{klmn} = E_{mnkl}$，所以 $w_{12} = w_{21}$，得到了功的互等定理。

2.3 弹性动力学问题的基本解

2.3.1 两种奇异型广义函数

2.3.1.1 Dirac δ 函数

Dirac δ 函数简称为 δ 函数，适用于描述单位集中力或瞬时单位脉冲，因此也

称为单位脉冲函数。在概念上，它是这么一个"函数"：在除了零以外的点函数值都等于零，而其在整个定义域上的积分等于1。一维 δ 函数定义如下

$$\delta(x) = 0 \quad x \neq 0 \tag{2-43a}$$

而且

$$\int_{-\infty}^{\infty} \delta(x)\,\mathrm{d}x = 1 \tag{2-43b}$$

δ 函数的一些常用性质如下

$$f(x)\delta(x - \xi) = f(\xi)\delta(x - \xi) \tag{2-44a}$$

$$\int_{-\infty}^{\infty} f(x)\delta(x - \xi)\,\mathrm{d}x = f(\xi) \tag{2-44b}$$

$$\delta(ax) = |a|^{-1}\delta(x) \tag{2-44c}$$

$$\delta'(ax) = a^{-1}|a|^{-1}\delta'(x) \tag{2-44d}$$

令式（2-44c）与式（2-44d）中 $a = -1$，可以看出 δ 函数是一个偶函数，其导数是一个奇函数。在多维情况下，狄拉克 δ 函数具有类似于式（2-45a）和式（2-43b）所示的定义，以及式（2-44a）~ 式（2-44d）所示的性质。对于二维情况，δ 函数的定义为

$$\delta(x_1, x_2) = 0, \quad x_1 \neq 0 \text{ 或 } x_2 \neq 0 \tag{2-45a}$$

$$\int_{-\infty}^{\infty}\int_{-\infty}^{\infty} \delta(x_1, x_2)\,\mathrm{d}x_1\mathrm{d}x_2 = 1 \tag{2-45b}$$

二维 δ 函数的常用性质有

$$\delta(x_1, x_2) = \delta(x_1)\delta(x_2) \tag{2-46a}$$

$$f(x_1, x_2)\delta(x_1 - \xi_1, x_2 - \xi_2) = f(\xi_1, \xi_2)\delta(x_1 - \xi_1, x_2 - \xi_2) \tag{2-46b}$$

$$\int_{-\infty}^{\infty}\int_{-\infty}^{\infty} f(x_1, x_2)\delta(x_1 - \xi_1, x_2 - \xi_2)\,\mathrm{d}x_1\mathrm{d}x_2 = f(\xi_1, \xi_2) \tag{2-46c}$$

$$\delta(ax_1, bx_2) = |ab|^{-1}\delta(x_1, x_2) \tag{2-46d}$$

2.3.1.2 Heaviside 函数

Heaviside 函数也称为单位阶跃函数，采用 H 来表示，定义如下

$$H(x) = \begin{cases} 0 & x < 0 \\ 1 & x \geq 0 \end{cases} \tag{2-47}$$

实际上，Heaviside 函数的广义导数为 Dirac δ 函数，即 $H'(x) = \delta(x)$ 或 $H(x) = \int_{-\infty}^{x} \delta(t)\,\mathrm{d}t$。Heaviside 函数常用性质如下

$$H(ax) = H(x) \tag{2-48}$$

2.3.2 弹性动力学问题的基本解

基本解的定义如下，设有线性微分方程

$$L(u) + f = 0 \tag{2-49}$$

式中，L 为线性微分算子；f 为自变量 x_m 的已知函数；u 为自变量 x_m 的未知函数。所谓方程式 (2-49) 的基本解 u^*，就是定义域内如下方程的解。

$$L(u^*) + \delta(Q - P) = 0 \tag{2-50}$$

式中，Q 和 P 为定义域内的任意两点，$\delta(Q - P)$ 是 δ 函数。

对于弹性动力学问题，定义域为时间-无限空间域，x_m 中包含时间坐标和空间坐标，因此 δ 函数可写成 $\delta(t - \tau, Q - P) = \delta(t - \tau)\delta(Q - P)$，是用来描述仅在 τ 时刻 P 点有单位集中脉冲作用的函数。事实上，在 $t = \tau$ 时刻，P 处有单位集中脉冲作用应理解为在 $t = \tau$ 瞬间的 P 点附近无限小的邻域内作用着集度为无限大的分布冲量，其总冲量为 1。因而，δ 函数也称为点源函数，P 点称为源点；基本解 $u^*(Q, t; P, \tau)$ 表示 P 点在 τ 时刻存在着点源时，对无限域内任意点 Q 在 t 时刻产生的影响，Q 点称为场点。

一些经常遇到的线性微分方程的基本解都已解出，下面给出弹性动力学空间问题的基本解。根据纳维叶方程式 (2-30) 和基本解定义式 (2-50)，得到式 (2-51)，这是一个特殊的 Stoks 问题。

$$(\lambda + \mu)u_{il, \, kl} + \mu u_{ik, \, ll} - \rho \ddot{u}_{ik} + \delta_{ik}\delta(t - \tau, Q - P) = 0 \tag{2-51}$$

式中，自由指标 k 表示平衡方程的三个投影方向，i 表示单位脉冲的三个作用方向，δ_{ik} 表示仅在 $k = i$ 时存在单位集中脉冲。

求解式 (2-51) 即可得到弹性动力学空间问题的位移基本解，即当 τ 时刻在无限大弹性体内源点 P 的 x_i 方向作用单位脉冲时，在 t 时刻场点 Q 的 x_k 方向上产生的位移 u_{ik}^*，表达式详见式 (2-52a)；应力基本解为经过场点 Q 且法线为 x_k 轴的截面上 x_l 方向上的应力分量 σ_{ikl}^*；面力基本解为经过场点 Q 且法线方向余弦为 (n_1, n_2, n_3) 的截面上 x_k 方向产生的面力 p_{ik}^*。应力基本解与面力基本解可通过式 (2-52b) 与式 (2-52c) 求得，具体形式不再给出，有兴趣的读者可自行推导。

$$u_{ik}^*(X, t; \xi, \tau) = \frac{1}{4\pi r \rho}\left\{ \frac{t - \tau}{r^2}(3r_{,i}r_{,k} - \delta_{ik})\left[H\!\left(t - \tau - \frac{r}{c_d}\right) - H\!\left(t - \tau - \frac{r}{c_s}\right) \right] + \right.$$

$$\left. r_{,i}r_{,k}\left[\frac{1}{c_d^2}\delta\!\left(t - \tau - \frac{r}{c_d}\right) - \frac{1}{c_s^2}\delta\!\left(t - \tau - \frac{r}{c_s}\right) \right] + \frac{\delta_{ik}}{c_s^2}\delta\!\left(t - \tau - \frac{r}{c_s}\right) \right\}$$

$$\tag{2-52a}$$

$$\sigma_{ikl}^*(X, t; \xi, \tau) = \lambda u_{im, \, m}\delta_{kl} + \mu(u_{ik, \, l} + u_{il, \, k}) \tag{2-52b}$$

$$p_{ik}^*(X, t; \xi, \tau) = \sigma_{ikl}^* n_l \tag{2-52c}$$

式中，$i, k, l, m = 1, 2, 3$，相关参数表示如下：

$$r = (r_w r_w)^{\frac{1}{2}}$$

$$r_w = x_w^Q - x_w^P$$

$$r_{,w} = \frac{\partial r}{\partial x_w^Q} = -\frac{\partial r}{\partial x_w^P} = \frac{r_w}{r}$$

$$n_w = \frac{\partial x_w}{\partial n}$$

$$c_d = \sqrt{\frac{\lambda + 2\mu}{\rho}}$$

$$c_s = \sqrt{\frac{\mu}{\rho}}$$

上述表达式中，对于三维问题和二维问题 w 分别取（1，2，3）和（1，2），x_w^Q 与 x_w^P 分别表示 Q 点与 P 点的 x_w 坐标，n_w 为截面法线方向余弦，c_d 与 c_s 分别表示压缩波（等容波）与剪切波（无旋波）波速。

弹性动力学平面应变问题的位移基本解 u_{ik}^* 和面力基本解 p_{ik}^* 分别表示单位脉冲在 τ 时刻作用在源点 P 的 x_i 方向时，t 时刻场点 Q 的 x_k 方向上产生的位移和 Q 点法线方向余弦为（n_1，n_2）的截面上 x_k 方向产生的面力。位移基本解可以通过对三维问题基本解沿 x_3 轴积分得到，即

$$u_{ik}^*(X, t; \xi, \tau) = \frac{1}{2\pi\rho c_s}\left[(E_{ik}L_s + F_{ik}L_s^{-1} + J_{ik}L_sN_s)H_s - \frac{c_s}{c_d}(F_{ik}L_d^{-1} + J_{ik}L_dN_d)H_d\right]$$

$$(2-53a)$$

面力基本解的求解方法同三维问题，此处不再赘述，仅给出其表达式

$$p_{ik}^*(X, t; \xi, \tau) = \frac{1}{2\pi\rho c_s}\left\{A_{ik}\left(rL_s^3H_s + L_s\frac{\partial H_s}{\partial(c_s\tau)}\right) + B_{ik}L_sN_sH_s + \right.$$

$$\frac{D_{ik}}{r^2}\left(r^3L_s^3H_s + L_sN_s\frac{\partial H_s}{\partial(c_s\tau)}\right) -$$

$$\left. \frac{c_s}{c_d}\left[B_{ik}L_dN_dH_d + \frac{D_{ik}}{r^2}\left(r^3L_d^3H_d + L_dN_d\frac{\partial H_d}{\partial(c_d\tau)}\right)\right]\right\}$$

$$(2-53b)$$

式中，只与空间坐标相关的系数表达式如下：

$$E_{ik} = \delta_{ik}$$

$$F_{ik} = \frac{\delta_{ik}}{r^2}$$

$$J_{ik} = -\frac{r_{,i}r_{,k}}{r^2}$$

$$A_{ik} = \mu\left(2\varphi r_{,i}n_k + \delta_{ik}\frac{\partial r}{\partial n} + r_{,k}n_i\right)$$

$$B_{ik} = -\frac{2\mu}{r^3}\left(\delta_{ik}\frac{\partial r}{\partial n} + r_{,i}n_k + r_{,k}n_i - 4\frac{\partial r}{\partial n}r_{,i}r_{,k}\right)$$

$$D_{ik} = -2\mu\left(\varphi r_{,i}n_k + \frac{\partial r}{\partial n}r_{,i}r_{,k}\right)$$

$$\frac{\partial r}{\partial n} = r_{,w}n_w$$

$$\varphi = \frac{\lambda}{2\mu} = \frac{c_d^2 - 2c_s^2}{2c_s^2} = \frac{\nu}{1 - 2\nu}$$

上述关系式中，i，k，$w = 1$，2；$\dfrac{\partial r}{\partial n}$ 为 r 对单位法线方向的偏导数。

与时间和空间相关的变量表达式如下：

$$L_w = \left[c_w^2(t - \tau)^2 - r^2\right]^{-\frac{1}{2}}$$

$$N_w = 2c_w^2(t - \tau)^2 - r^2$$

$$H_w = H\left[c_w(t - \tau) - r\right]$$

若是平面应力问题，须将式（2-53a）和式（2-53b）中的 ν 换为 $\dfrac{\nu}{1 + \nu}$。

2.4 微分方程的弱形式

与弹性力学问题一样，一般的科学和工程问题往往都可以归结为在一定的边界条件和初始条件下求解常微分方程（组）或偏微分方程（组）。在数学上，把问题描述的微分方程形式，称为其强形式。由于实际问题的复杂性，满足边界条件与初始条件的微分方程的精确解是很难得到的，这时就得借助于数值解。相应的，问题描述的微分方程和边界条件、初始条件需要转换成用积分方程表示的弱形式。下面以拉普拉斯方程的定解问题为例加以具体说明。

二维拉普拉斯方程定解问题可用微分方程与边界条件表示为

$$\frac{\partial^2 u}{\partial x_1^2} + \frac{\partial^2 u}{\partial x_2^2} = 0 \qquad (x_1, x_2) \in \Omega \tag{2-54a}$$

$$u = \bar{u} \qquad (x_1, x_2) \in \Gamma_1 \tag{2-54b}$$

$$q = \frac{\partial u}{\partial n} = \bar{q} \qquad (x_1, x_2) \in \Gamma_2 \tag{2-54c}$$

式中，$\bar{u}$ 为边界 Γ_1 上 u 的已知值；$\bar{q}$ 为边界 Γ_2 上 $\dfrac{\partial u}{\partial n}$ 的已知值。

由于式 (2-54a) 是在域内任意一点都要满足的，所以有

$$\iint_\Omega \left(\frac{\partial^2 u}{\partial x_1^2} + \frac{\partial^2 u}{\partial x_2^2} \right) w \mathrm{d}\Omega = 0 \qquad (2\text{-}55)$$

式中，w 为任意函数。

由式 (2-55) 可以看出，若此积分式对于任意的函数 w 都能满足，则微分方程式 (2-54a) 必然在域内任一点都得到满足。同理，若边界条件式 (2-54c) 在各自边界上的任一点都得到满足，则对于任意的函数 w_{Γ_1}、w_{Γ_2}，有

$$\begin{cases} \displaystyle\iint_{\Gamma_1} (u - \bar{u}) w_{\Gamma_1} \mathrm{d}\Gamma = 0 \\[2mm] \displaystyle\iint_{\Gamma_2} (q - \bar{q}) w_{\Gamma_2} \mathrm{d}\Gamma = 0 \end{cases} \qquad (2\text{-}56)$$

综合式 (2-55) 和式 (2-56)，即得

$$\int_\Omega \left(\frac{\partial^2 u}{\partial x_1^2} + \frac{\partial^2 u}{\partial x_2^2} \right) w \mathrm{d}\Omega + \int_{\Gamma_1} (u - \bar{u}) w_{\Gamma_1} \mathrm{d}\Gamma + \int_{\Gamma_2} (q - \bar{q}) w_{\Gamma_2} \mathrm{d}\Gamma = 0 \quad (2\text{-}57)$$

由式 (2-57) 可以看出，若此积分式对于任意的函数 w、w_{Γ_1}、w_{Γ_2} 都能成立，则式 (2-54a)~式 (2-54c) 三式都得到满足。式 (2-57) 即是微分方程式 (2-54a) 与边界条件式 (2-54b)、式 (2-54c) 的等效的积分形式或弱形式。

在式 (2-57) 中，w、w_{Γ_1}、w_{Γ_2} 是以函数自身的形式出现在积分中，因此对它们的选择只要是单值的且分别在域 Ω 内和边界 Γ_1、Γ_2 上是可积的函数就可以了。至于在式 (2-57) 中的场函数 u，要求它的一阶导数在域内是连续的，它的二阶导数在域内可以有不连续点，但在域内是可积的，亦即，要求函数 u 具有 c^1 阶连续性。

式 (2-57) 还可以用分部积分法化成另外的形式。将式 (2-57) 的第一项进行一次分部积分，得

$$\begin{aligned}
\iint_\Omega \left(\frac{\partial^2 u}{\partial x_1^2} + \frac{\partial^2 u}{\partial x_2^2} \right) w \mathrm{d}\Omega &= \iint_\Omega \left[\frac{\partial}{\partial x_1} \left(w \frac{\partial u}{\partial x_1} \right) - \frac{\partial u}{\partial x_1} \frac{\partial w}{\partial x_1} + \frac{\partial}{\partial x_2} \left(w \frac{\partial u}{\partial x_2} \right) - \frac{\partial u}{\partial x_2} \frac{\partial w}{\partial x_2} \right] \mathrm{d}\Omega \\[2mm]
&= \int_\Gamma \left(w \frac{\partial u}{\partial x_1} \mathrm{d}y - w \frac{\partial u}{\partial x_2} \mathrm{d}x \right) - \iint_\Omega \left(\frac{\partial u}{\partial x_1} \frac{\partial w}{\partial x_1} + \frac{\partial u}{\partial x_2} \frac{\partial w}{\partial x_2} \right) \mathrm{d}\Omega \\[2mm]
&= \int_\Gamma w \frac{\partial u}{\partial n} \mathrm{d}\Gamma - \iint_\Omega \left(\frac{\partial u}{\partial x_1} \frac{\partial w}{\partial x_1} + \frac{\partial u}{\partial x_2} \frac{\partial w}{\partial x_2} \right) \mathrm{d}\Omega
\end{aligned}$$

$$(2\text{-}58)$$

将式 (2-58) 代入式 (2-57)，得

$$\iint_\Omega \left(\frac{\partial u}{\partial x_1} \frac{\partial w}{\partial x_1} + \frac{\partial u}{\partial x_2} \frac{\partial w}{\partial x_2} \right) \mathrm{d}\Omega - \int_\Gamma w \frac{\partial u}{\partial n} \mathrm{d}\Gamma - \int_{\Gamma_1} (u - \bar{u}) w_{\Gamma_1} \mathrm{d}\Gamma - \int_{\Gamma_2} (q - \bar{q}) w_{\Gamma_2} \mathrm{d}\Gamma = 0$$

$$(2\text{-}59)$$

将式 (2-59) 的第一项再一次进行分部积分，得

$$\iint_\Omega \left(\frac{\partial u}{\partial x_1} \frac{\partial w}{\partial x_1} + \frac{\partial u}{\partial x_2} \frac{\partial w}{\partial x_2} \right) d\Omega = \iint_\Omega \left[\frac{\partial}{\partial x_1} \left(u \frac{\partial w}{\partial x_1} \right) - u \frac{\partial^2 w}{\partial x_1^2} + \frac{\partial}{\partial x_2} \left(u \frac{\partial w}{\partial x_2} \right) - u \frac{\partial^2 w}{\partial x_2^2} \right] d\Omega$$

$$= \iint_\Gamma \left(u \frac{\partial w}{\partial x_1} dy - u \frac{\partial w}{\partial x_2} dx \right) - \iint_\Omega u \left(\frac{\partial^2 w}{\partial x_1^2} + \frac{\partial^2 w}{\partial x_2^2} \right) d\Omega$$

$$(2\text{-}60)$$

此时，式 (2-59) 成为

$$\iint_\Omega u \left(\frac{\partial^2 w}{\partial x_1^2} + \frac{\partial^2 w}{\partial x_2^2} \right) d\Omega - \int_\Gamma u \frac{\partial w}{\partial n} d\Gamma + \int_\Gamma w \frac{\partial u}{\partial n} d\Gamma +$$

$$\int_{\Gamma_1} (u - \bar{u}) w_{\Gamma_1} d\Gamma + \int_{\Gamma_2} (q - \bar{q}) w_{\Gamma_2} d\Gamma = 0 \qquad (2\text{-}61)$$

在式 (2-59) 和式 (2-61) 中，u 的导数阶次分别降了一阶和二阶，而 w 的导数阶次反而升了一阶和二阶，这样在选择近似函数 u 时，从数学上来说就可以放松对连续性的要求。式 (2-57)、式 (2-59) 和式 (2-61) 分别是下一节介绍的加权余量法、有限元法以及本书介绍的边界元法的出发点。

下面来进一步考察作为边界元法出发点的式 (2-61)。把式 (2-61) 等号左边看作为 u、w_{Γ_1}、w_{Γ_2} 的泛函，求一阶变分得

$$\iint_\Omega \left(\frac{\partial^2 w}{\partial x_1^2} + \frac{\partial^2 w}{\partial x_2^2} \right) \delta u d\Omega - \int_\Gamma \frac{\partial w}{\partial n} \delta u d\Gamma + \int_\Gamma w \frac{\partial \delta u}{\partial n} d\Gamma + \int_{\Gamma_1} w_{\Gamma_1} \delta u d\Gamma +$$

$$\int_{\Gamma_1} (u - \bar{u}) \delta w_{\Gamma_1} d\Gamma + \int_{\Gamma_2} w_{\Gamma_2} \frac{\partial \delta u}{\partial n} d\Gamma + \int_{\Gamma_2} (q - \bar{q}) \delta w_{\Gamma_2} d\Gamma = 0 \qquad (2\text{-}62)$$

考虑到 $\Gamma = \Gamma_1 \cup \Gamma_2$，式 (2-62) 成为

$$\iint_\Omega \left(\frac{\partial^2 w}{\partial x_1^2} + \frac{\partial^2 w}{\partial x_2^2} \right) \delta u d\Omega + \int_{\Gamma_1} \left(w_{\Gamma_1} - \frac{\partial w}{\partial n} \right) \delta u d\Gamma + \int_{\Gamma_2} \left(w_{\Gamma_2} + w \right) \frac{\partial \delta u}{\partial n} d\Gamma +$$

$$\int_{\Gamma_1} (u - \bar{u}) \delta w_{\Gamma_1} d\Gamma + \int_{\Gamma_2} (q - \bar{q}) \delta w_{\Gamma_2} d\Gamma + \int_{\Gamma_1} w \frac{\partial \delta u}{\partial n} d\Gamma - \int_{\Gamma_2} \frac{\partial w}{\partial n} \delta u d\Gamma = 0$$

$$(2\text{-}63)$$

由于 δu、δw_{Γ_1}、δw_{Γ_2} 的任意性，式 (2-63) 给出以下各式

$$\frac{\partial^2 w}{\partial x_1^2} + \frac{\partial^2 w}{\partial x_2^2} = 0 \qquad x_i \in \Omega \qquad (2\text{-}64a)$$

$$w_{\Gamma_1} = \frac{\partial w}{\partial n} \qquad x_i \in \Gamma_1 \qquad (2\text{-}64b)$$

$$w_{\Gamma_2} = -w \qquad x_i \in \Gamma_2 \qquad (2\text{-}64c)$$

$$u = \bar{u} \qquad x_i \in \Gamma_1 \qquad (2\text{-}64d)$$

$$q = \bar{q} \qquad x_i \in \Gamma_2 \qquad (2\text{-}64e)$$

$$w = 0 \quad \text{或} \quad \frac{\partial \delta u}{\partial n} = 0 \quad x_i \in \Gamma_1 \tag{2-64f}$$

$$\frac{\partial w}{\partial n} = 0 \quad \text{或} \quad \delta u = 0 \quad x_i \in \Gamma_2 \tag{2-64g}$$

其中式 (2-64b) 和式 (2-64c) 两式给出了 w_{Γ_1}、w_{Γ_2} 应选取的形式，将它们代入式 (2-61)，得

$$\iint_\Omega u \left(\frac{\partial^2 w}{\partial x_1^2} + \frac{\partial^2 w}{\partial x_2^2} \right) d\Omega - \int_\Gamma u \frac{\partial w}{\partial n} d\Gamma + \int_\Gamma w \frac{\partial u}{\partial n} d\Gamma +$$

$$\int_{\Gamma_1} (u - \bar{u}) \frac{\partial w}{\partial n} d\Gamma + \int_{\Gamma_2} (q - \bar{q})(-w) d\Gamma = 0 \tag{2-65}$$

考虑到 $\Gamma = \Gamma_1 \cup \Gamma_2$，式 (2-65) 成为

$$\iint_\Omega u \left(\frac{\partial^2 w}{\partial x_1^2} + \frac{\partial^2 w}{\partial x_2^2} \right) d\Omega - \int_{\Gamma_2} u \frac{\partial w}{\partial n} d\Gamma - \int_{\Gamma_1} \bar{u} \frac{\partial w}{\partial n} d\Gamma + \int_{\Gamma_1} w \frac{\partial u}{\partial n} d\Gamma + \int_{\Gamma_2} \bar{q} w d\Gamma = 0$$

亦即

$$\iint_\Omega u \left(\frac{\partial^2 w}{\partial x_1^2} + \frac{\partial^2 w}{\partial x_2^2} \right) d\Omega = \int_\Gamma u \frac{\partial w}{\partial n} d\Gamma - \int_\Gamma \frac{\partial u}{\partial n} w d\Gamma \tag{2-66}$$

式 (2-66) 即是用边界元法解拉普拉斯方程问题的出发点。

一般的，设有齐次线性微分方程

$$L(u) = 0 \quad x_i \in \Omega \tag{2-67}$$

基本边界条件为

$$G(u) = \bar{u} \quad x_i \in \Gamma_1 \tag{2-68a}$$

自然边界条件为

$$S(u) = \bar{q} \quad x_i \in \Gamma_2 \tag{2-68b}$$

其弱形式为

$$\iint_\Omega L(u) w d\Omega + \int_{\Gamma_1} [G(u) - \bar{u}] w_{\Gamma_1} d\Gamma + \int_{\Gamma_2} [S(u) - \bar{q}] w_{\Gamma_2} d\Gamma = 0 \tag{2-69}$$

经过分部积分后，式 (2-69) 成为

$$\iint_\Omega L(w) u d\Omega - \int_\Gamma G(u) S(w) d\Gamma + \int_\Gamma G(w) S(u) d\Gamma +$$

$$\int_{\Gamma_1} [G(u) - \bar{u}] w_{\Gamma_1} d\Gamma + \int_{\Gamma_2} [S(u) - \bar{q}] w_{\Gamma_2} d\Gamma = 0 \tag{2-70}$$

通过与前面类似的分析，可得

$$w_{\Gamma_1} = S(w), \quad w_{\Gamma_2} = -G(w) \tag{2-71}$$

将式 (2-71) 代入式 (2-70)，并考虑到 $\Gamma = \Gamma_1 \cup \Gamma_2$，得

$$\iint_\Omega L(w) u d\Omega = \int_\Gamma G(u) S(w) d\Gamma - \int_\Gamma G(w) S(u) d\Gamma \tag{2-72}$$

式（2-72）可作为一类微分方程的定解问题用边界元法求解时的出发点。

2.5 加权余量法的概念

加权余量法通常是作为解微分方程（组）的一种近似方法提出来的。对微分方程式（2-67），现取试探解

$$u = \sum_{k=1}^{n} \alpha_k \varphi_k \qquad (2-73)$$

式中，φ_k 为已经选定的试探函数，是从某一个完备的函数序列中选出来的线性独立的函数；α_k 为待定系数。

将式（2-73）代入式（2-67）和式（2-68）时，除了式（2-73）为精确解的情况，一般总有一定的余量，即

$$L\Big(\sum_{k=1}^{n} \alpha_k \varphi_k\Big) = \varepsilon \neq 0 \qquad x_i \in \Omega \qquad (2-74a)$$

$$G\Big(\sum_{k=1}^{n} \alpha_k \varphi_k\Big) - \bar{u} = \varepsilon_{\Gamma_1} \neq 0 \qquad x_i \in \Gamma_1 \qquad (2-74b)$$

$$S\Big(\sum_{k=1}^{n} \alpha_k \varphi_k\Big) - \bar{q} = \varepsilon_{\Gamma_2} \neq 0 \qquad x_i \in \Gamma_2 \qquad (2-74c)$$

通常地，我们总是力图使这些余量尽可能小。当所有余量均为零时，就得到精确解；若只能使余量在某种平均的意义上加以消除，就是某种近似解，加权余量法就是选择一定的权函数去乘余量，以体现某种平均意义消除余量的意思。解经过加权以后的消除余量的方程组，便可确定试探解的待定系数，从而获得问题的近似解。使余量在加权总和的意义上为零的方程为

$$\int_{\Omega} \varepsilon w \mathrm{d}\Omega + \int_{\Gamma_1} \varepsilon_{\Gamma_1} w_{\Gamma_1} \mathrm{d}\Gamma + \int_{\Gamma_2} \varepsilon_{\Gamma_2} w_{\Gamma_2} \mathrm{d}\Gamma = 0 \qquad (2-75a)$$

式中，w、w_{Γ_1}、w_{Γ_2} 分别为 Ω 域与 Γ_1 边界、Γ_2 边界的权函数。

若所取的试探解式（2-73）能满足所有的边界条件，此时 ε_{Γ_1}、ε_{Γ_2} 均为零，加权余量方程式（2-75a）就成为

$$\int_{\Omega} \varepsilon w \mathrm{d}\Omega = 0 \qquad (2-75b)$$

若所取的试探解式（2-73）能满足所解的微分方程，此时 ε 为零，加权余量方程式（2-75a）就成为

$$\int_{\Gamma_1} \varepsilon_{\Gamma_1} w_{\Gamma_1} \mathrm{d}\Gamma + \int_{\Gamma_2} \varepsilon_{\Gamma_2} w_{\Gamma_2} \mathrm{d}\Gamma = 0 \qquad (2-75c)$$

控制方程如式（2-75a）~式（2-75c）所示的加权余量法分别称为混合法、内部法与边界法。

在加权余量法中，权函数的选取具有较大的灵活性，选取不同的权函数就得

到各种加权余量法。现通过简例说明。

简例 单自由度体系在线性渐增荷载作用下的振动微分方程

$$\frac{\mathrm{d}^2 u}{\mathrm{d}t^2} + u - t = 0 \quad 0 < t < 2 \tag{2-76}$$

基本边界条件

$$(u)_{t=0} = (u)_{t=2} = 0 \tag{2-77}$$

无自然边界条件。

取满足基本边界条件的试探解为

$$u = t(t-2)(\alpha_1 + \alpha_2 t) \tag{2-78}$$

将式 (2-78) 代入式 (2-76)，得余量 ε 为

$$\varepsilon = (t^2 - 2t + 2)\alpha_1 + (t^3 - 2t^2 + 6t - 4)\alpha_2 - t \tag{2-79}$$

2.5.1 子域法

将 Ω 域分为 n 个子域 $\Omega_j (j=1, 2, \cdots, n)$，取权函数为

$$w_j = \begin{cases} 1 & x_i \in \Omega_j \\ 0 & x_i \notin \Omega_j \end{cases} \quad j = 1, 2, \cdots, n \tag{2-80a}$$

加权余量方程式 (2-75b) 成为

$$\int_{\Omega_j} \varepsilon \mathrm{d}\Gamma = 0 \quad j = 1, 2, \cdots, n \tag{2-80b}$$

对于简例，将 Ω 域 (0, 2) 分为两个子域 Ω_1 (0, 1) 与 Ω_1 (1, 2)，式 (2-80b) 就成为

$$\begin{cases} \int_0^1 \varepsilon \mathrm{d}t = 0 \\ \int_1^2 \varepsilon \mathrm{d}t = 0 \end{cases} \tag{2-81}$$

将式 (2-79) 代入式 (2-81) 后，得

$$\begin{cases} \dfrac{4}{3}\alpha_1 - \dfrac{17}{12}\alpha_2 = \dfrac{1}{2} \\ \dfrac{4}{3}\alpha_1 + \dfrac{49}{12}\alpha_2 = \dfrac{3}{2} \end{cases}$$

解得 $\alpha_1 = \dfrac{25}{44}$、$\alpha_2 = \dfrac{2}{11}$。

2.5.2 配点法

在 Ω 域内取 n 个点 $(j = 1, 2, \cdots, n)$，取权函数为这 n 个点上的狄拉克 δ 函数

$$w_j = \delta(x - x_j) \quad j = 1, 2, \cdots, n \tag{2-82a}$$

加权余量方程式（2-75b）成为

$$\int_\Omega \varepsilon \delta(x - x_j)\,\mathrm{d}x = 0 \quad j = 1, 2, \cdots, n$$

即

$$\varepsilon(x_j) = 0 \quad j = 1, 2, \cdots, n \tag{2-82b}$$

对于简例，取配点为 $t_1 = \dfrac{1}{2}$、$t_2 = \dfrac{3}{2}$，由式（2-79）和式（2-82b）得

$$\begin{cases} \varepsilon\left(\dfrac{1}{2}\right) = \dfrac{5}{4}\alpha_1 - \dfrac{11}{8}\alpha_2 - \dfrac{1}{2} = 0 \\[2mm] \varepsilon\left(\dfrac{3}{2}\right) = \dfrac{5}{4}\alpha_1 + \dfrac{31}{8}\alpha_2 - \dfrac{3}{2} = 0 \end{cases}$$

解得 $\alpha_1 = \dfrac{64}{105}$，$\alpha_2 = \dfrac{4}{21}$。

2.5.3 矩量法

w_j 取自完备函数序列 $1, x, x^2, \cdots$。对于简例，取 $w_1 = 1$，$w_2 = t$，这时，加权余量方程式（2-75b）成为

$$\begin{cases} \displaystyle\int_0^2 \varepsilon\,\mathrm{d}t = 0 \\[2mm] \displaystyle\int_0^2 \varepsilon t\,\mathrm{d}t = 0 \end{cases} \tag{2-83}$$

将式（2-78）所示 ε 代入式（2-83）后，得

$$\begin{cases} \dfrac{8}{3}\alpha_1 + \dfrac{8}{3}\alpha_2 = 2 \\[2mm] \dfrac{8}{3}\alpha_1 + \dfrac{32}{5}\alpha_2 = \dfrac{8}{3} \end{cases}$$

解得 $\alpha_1 = \dfrac{4}{7}$，$\alpha_2 = \dfrac{5}{28}$。

2.5.4 最小二乘法

余量在 Ω 域内的平方和为

$$I = \int_\Omega \varepsilon^2\,\mathrm{d}\Omega \tag{2-84}$$

由于 ε 是 $\alpha_k(k = 1, 2, \cdots, n)$ 的函数，使 I 取极小值的条件为

$$\frac{\partial I}{\partial \alpha_k} = 0$$

亦即

$$\int_{\Omega} 2\varepsilon \frac{\partial \varepsilon}{\partial \alpha_k} \mathrm{d}\Omega = 0 \quad k = 1, 2, \cdots, n \tag{2-85}$$

将式（2-85）与式（2-75b）比较，可见最小二乘法的权函数为

$$w_k = \frac{\partial \varepsilon}{\partial \alpha_k} \quad k = 1, 2, \cdots, n$$

相应的加权余量方程式（2-75b）成为

$$\int_{\Omega} \varepsilon \frac{\partial \varepsilon}{\partial \alpha_k} \mathrm{d}\Omega = 0 \quad k = 1, 2, \cdots, n \tag{2-86}$$

对于简例，将式（2-79）代入式（2-86），得到

$$\begin{cases} \int_0^2 \varepsilon \frac{\partial \varepsilon}{\partial \alpha_1} \mathrm{d}t = \int_0^2 \varepsilon (t^2 - 2t + 2) \mathrm{d}t = \frac{56}{15}\alpha_1 + \frac{56}{15}\alpha_2 - \frac{8}{3} = 0 \\ \int_0^2 \varepsilon \frac{\partial \varepsilon}{\partial \alpha_2} \mathrm{d}t = \int_0^2 \varepsilon (t^3 - 2t^2 + 6t - 4) \mathrm{d}t = \frac{56}{15}\alpha_1 + \frac{864}{35}\alpha_2 - \frac{32}{5} = 0 \end{cases} \tag{2-87}$$

可解得 $\alpha_1 = \dfrac{1032}{1925}$，$\alpha_2 = \dfrac{49}{275}$。

2.5.5 最小二乘配点法

对于简例，若取 3 个配点 $t_1 = \dfrac{1}{2}$、$t_2 = 1$、$t_3 = \dfrac{3}{2}$，得到关于 α_1、α_2 的三个方程

$$\begin{cases} \varepsilon\left(\dfrac{1}{2}\right) = \dfrac{5}{4}\alpha_1 - \dfrac{11}{8}\alpha_2 - \dfrac{1}{2} = 0 \\ \varepsilon(1) = \alpha_1 + \alpha_2 - 1 = 0 \\ \varepsilon\left(\dfrac{3}{2}\right) = \dfrac{5}{4}\alpha_1 + \dfrac{31}{8}\alpha_2 - \dfrac{3}{2} = 0 \end{cases} \tag{2-88}$$

将式（2-88）记为

$$[A]\{\alpha\} = \{b\} \tag{2-89}$$

式中

$$[A] = \begin{bmatrix} \dfrac{5}{4} & -\dfrac{11}{8} \\ 1 & 1 \\ \dfrac{5}{4} & \dfrac{31}{8} \end{bmatrix} \quad \{\alpha\} = \begin{Bmatrix} \alpha_1 \\ \alpha_2 \end{Bmatrix} \quad \{b\} = \begin{Bmatrix} \dfrac{1}{2} \\ 1 \\ \dfrac{3}{2} \end{Bmatrix}$$

现用最小二乘法解方程组式（2-89），也就是解方程组

$$[A]^{\mathrm{T}}[A]\{\alpha\} = [A]^{\mathrm{T}}\{b\}$$

得 $\alpha_1 = \dfrac{152}{231}$，$\alpha_2 = \dfrac{4}{21}$。

2.5.6 伽辽金法

在伽辽金法中，取权函数就是试探函数，即

$$w_j = \varphi_j \quad j = 1,\ 2,\ \cdots,\ n \tag{2-90}$$

加权余量方程式（2-75b）成为

$$\int_\Omega \varepsilon\varphi_j \mathrm{d}x = 0 \quad j = 1,\ 2,\ \cdots,\ n \tag{2-91}$$

对于简例，式（2-91）为

$$\begin{cases} \int_0^2 \varepsilon t(t-2)\,\mathrm{d}t = -\dfrac{8}{5}\alpha_1 - \dfrac{8}{5}\alpha_2 + \dfrac{4}{3} = 0 \\[2mm] \int_0^2 \varepsilon t^2(t-2)\,\mathrm{d}t = -\dfrac{8}{5}\alpha_1 - \dfrac{64}{21}\alpha_2 + \dfrac{8}{5} = 0 \end{cases} \tag{2-92}$$

将式（2-79）代入式（2-92）后，可解得 $\alpha_1 = \dfrac{31}{54}$，$\alpha_2 = \dfrac{7}{38}$。

由上述 6 种方法得到简例的近似解与其精确解 $u = -\dfrac{2\sin t}{\sin 2} + t$ 比较如表 2-2 所示。

表 2-2　加权余量法与精确解结果比较

x 值	0.5	1.0	1.5
精确解	−0.554497	−0.850816	−0.693991
子域法	−0.494318	−0.750000	−0.630682
配点法	−0.528571	−0.800000	−0.671429
矩量法	−0.495536	−0.750000	−0.629464
最小二乘法	−0.468896	−0.714286	−0.602532
最小二乘配点法	−0.564935	−0.848485	−0.707792
伽辽金法	−0.555921	−0.833333	−0.694079

由表 2-2 可见，最小二乘配点法仅比配点法多取了一个配点，但精度有了较大提升；采用伽辽金法，在试探解只取 2 项的情况下已有较好的精度。

加权余量法的另一个重要用途是用来导出有限元法以及边界元法的控制方程。在边界元法里，首先采用基本解作为权函数，通过加权余量法（亦即微分方

程的弱形式）建立所解问题的边界积分方程，进而将边界用边界单元离散化，并通过插值，将待定函数在边界单元内的值用其结点值来表示，边界积分方程化为线性代数方程组，再结合边界条件求解此方程组，便可得到问题的近似解。这将在以后各章详细给出。

参考文献

[1] ERINGEN A C, SUHUBI E S. Elastodynamics [M]. Vol. 2：Linear Theory. New York－London：Academic Press, 1975：390-414.

3 弹性动力学问题的时域边界元法

边界元法实质上是对边界积分方程进行建立、离散和求解的过程。所以建立边界积分方程是全文的基础，是将时域边界元法用于处理弹性动力学平面问题迈出的第一步。本章将首先采用动力互易定理推导出适用于弹性动力学平面问题的时域边界积分方程，接着对时–空间域内单元类型与选择方法进行介绍，详细介绍基于线性元的单元系数计算、系数矩阵的组装与方程求解，得到节点位移；进一步介绍非节点位移与应力计算，最后通过若干算例说明其应用。

本章所有研究内容都是平面应变无体力、零初始条件问题，对于平面应力问题只需使平面应变问题所有方程中拉梅常数 μ（剪切模量）保持不变，λ 表达式中弹性模量 E、泊松比 ν 分别以 $\dfrac{1+2\nu}{(1+\nu)^2}E$、$\dfrac{\nu}{1+\nu}$ 进行替换即可。对于有恒定体力问题，如重力作用，只需在无体力基础上加上一项边界积分即可，有兴趣的读者可参考相关文献[1]。

3.1 边界积分方程的建立

分别采用加权余量法和虚功原理推导边界积分方程。

3.1.1 采用加权余量法推导

前已给出弹性动力学平衡微分方程式（2-24）、边界条件式（2-27）及基本解式（2-53），现采用加权余量法写出上述三式所示微分方程定解问题的弱形式，表达式如下：

$$\iint_{\Omega}(\sigma_{kl,l}-\rho\ddot{u}_k)w_k\mathrm{d}\Omega + \int_{\Gamma_1}(u_k-\bar{u}_k)w_{\Gamma_{1k}}\mathrm{d}\Gamma + \int_{\Gamma_2}(p_k-\bar{p}_k)w_{\Gamma_{2k}}\mathrm{d}\Gamma = 0 \quad (3-1)$$

式中，w_k、$w_{\Gamma_{1k}}$、$w_{\Gamma_{2k}}$ 分别为 Ω 域及 Γ_1、Γ_2 边界的权函数。

现在取基本解 u_k^* 为 Ω 域的权函数，即

$$w_k = u_k^* \quad (3-2a)$$

由式（2-71）可得

$$w_{\Gamma_{1k}} = p_k^* = n_l\sigma_{kl}^* \quad (3-2b)$$

$$w_{\Gamma_{2k}} = -u_k^* \quad (3-2c)$$

将以上三个权函数代入式 (3-1)，并整理得

$$\iint_{\Omega} \sigma_{kl,l} u_k^* \, \mathrm{d}\Omega - \iint_{\Omega} \rho \ddot{u}_k u_k^* \, \mathrm{d}\Omega + \int_{\Gamma_1} (u_k - \bar{u}_k) p_k^* \, \mathrm{d}\Gamma - \int_{\Gamma_2} (p_k - \bar{p}_k) u_k^* \, \mathrm{d}\Gamma = 0$$

$$(3-3)$$

对式 (3-3) 第一项积分进行分部积分，并应用散度定理式 (2-20)，得

$$\iint_{\Omega} \sigma_{kl,l} u_k^* \, \mathrm{d}\Omega = \iint_{\Omega} (\sigma_{kl} u_k^*)_{,l} \, \mathrm{d}\Omega - \iint_{\Omega} \sigma_{kl} u_{k,l}^* \, \mathrm{d}\Omega = \int_{\Gamma} \sigma_{kl} u_k^* n_l \, \mathrm{d}\Gamma - \iint_{\Omega} \sigma_{kl} u_{k,l}^* \, \mathrm{d}\Omega$$

$$(3-4)$$

注意到 $\sigma_{kl} n_l = p_k$，且 $\sigma_{kl} u_{k,l}^* = \sigma_{kl} \varepsilon_{kl}^* = E_{klmn} \varepsilon_{mn} \varepsilon_{kl}^* = E_{klmn} \varepsilon_{mn}^* \varepsilon_{kl} = \sigma_{kl}^* \varepsilon_{kl} = \sigma_{kl}^* u_{k,l}$，于是式 (3-4) 成为

$$\iint_{\Omega} \sigma_{kl,l} u_k^* \, \mathrm{d}\Omega = \int_{\Gamma} p_k u_k^* \, \mathrm{d}\Gamma - \iint_{\Omega} \sigma_{kl}^* u_{k,l} \, \mathrm{d}\Omega$$

$$= \int_{\Gamma} p_k u_k^* \, \mathrm{d}\Gamma - \iint_{\Omega} (\sigma_{kl}^* u_k)_{,l} \, \mathrm{d}\Omega + \iint_{\Omega} \sigma_{kl,l}^* u_k \, \mathrm{d}\Omega$$

$$= \int_{\Gamma} p_k u_k^* \, \mathrm{d}\Gamma - \int_{\Gamma} \sigma_{kl}^* u_k n_l \, \mathrm{d}\Gamma + \iint_{\Omega} \sigma_{kl,l}^* u_k \, \mathrm{d}\Omega$$

$$= \int_{\Gamma} p_k u_k^* \, \mathrm{d}\Gamma - \int_{\Gamma} p_k^* u_k \, \mathrm{d}\Gamma + \iint_{\Omega} \sigma_{kl,l}^* u_k \, \mathrm{d}\Omega \qquad (3-5)$$

将式 (3-5) 代入式 (3-3)，并注意到 $\Gamma = \Gamma_1 \cup \Gamma_2$，得

$$\iint_{\Omega} \sigma_{kl,l}^* u_k \, \mathrm{d}\Omega - \iint_{\Omega} \rho \ddot{u}_k u_k^* \, \mathrm{d}\Omega + \int_{\Gamma_1} p_k u_k^* \, \mathrm{d}\Gamma - \int_{\Gamma_2} p_k^* u_k \, \mathrm{d}\Gamma - \int_{\Gamma_1} \bar{u}_k p_k^* \, \mathrm{d}\Gamma + \int_{\Gamma_2} \bar{p}_k u_k^* \, \mathrm{d}\Gamma = 0$$

$$(3-6)$$

由于权函数为基本解，与 u_k^* 相应的 σ_{kl}^* 应满足下式

$$\sigma_{kl,l}^* - \rho \ddot{u}_k^* + \delta_{ik} \delta(t - \tau, \ Q - P) = 0 \qquad (3-7)$$

将式 (3-7) 代入式 (3-6)，并将在 Γ_1 上的 $\bar{u}_k$ 仍记为 u_k，在 Γ_2 上的 $\bar{p}_k$ 仍记为 p_k，得

$$\delta_{ik} \delta(t - \tau) u_k^P = \int_{\Gamma} p_k u_k^* \, \mathrm{d}\Gamma - \int_{\Gamma} p_k^* u_k \, \mathrm{d}\Gamma + \iint_{\Omega} \rho (\ddot{u}_k^* u_k - \ddot{u}_k u_k^*) \, \mathrm{d}\Omega \qquad (3-8)$$

将 u_k^*、p_k^* 改写为 u_{ik}^*、p_{ik}^*，以表明它们是由 P 点 i 方向的单位脉冲引起场点的 k 方向的位移与面力，表达式详见式 (2-58)；$\delta_{ik} \delta(t - \tau) u_k^P$ 表示仅由于 τ 时刻脉冲引起源点 P 在 t 时刻的 i 方向位移，于是式 (3-8) 成为

$$\delta_{ik} \delta(t - \tau) u_k^P = -\int_{\Gamma} p_{ik}^* u_k \, \mathrm{d}\Gamma + \int_{\Gamma} u_{ik}^* p_k \, \mathrm{d}\Gamma + \iint_{\Omega} \rho (\ddot{u}_{ik}^* u_k - \ddot{u}_k u_{ik}^*) \, \mathrm{d}\Omega \qquad (3-9)$$

式 (3-7) 就是单位脉冲作用下弹性动力学平面问题关于区域内点 P 的边界积分方程。当 P 点位于区域内或边界上时，式 (3-9) 成为

$$c_{ik}^P \delta(t - \tau) u_k^P = -\int_{\Gamma} p_{ik}^* u_i \, \mathrm{d}\Gamma + \int_{\Gamma} u_{ik}^* p_i \, \mathrm{d}\Gamma + \iint_{\Omega} \rho (\ddot{u}_{ik}^* u_k - \ddot{u}_k u_{ik}^*) \, \mathrm{d}\Omega \qquad (3-10)$$

式中，c_{ik}^P 表示源点 P 的位置系数，表达式如下

$$c_{ik}^{P} = \begin{cases} \delta_{ik} & P \in \Omega \\ \dfrac{1}{2}\delta_{ik} & P \in \Gamma \text{(光滑边界点)} \\ \delta_{ik} + \lim\limits_{\varepsilon \to 0}\displaystyle\int_{\Gamma_{\varepsilon}} p_{ik}^{*} \, \mathrm{d}\Gamma & P \in \Gamma \text{(不光滑边界点)} \end{cases} \qquad (3\text{-}11)$$

其中，p_{ik}^{*} 取静力问题面力基本解，Γ_{ε} 是以 P 为圆心，以 ε 为半径的圆弧，如图 3-1 所示。当 P 为不光滑边界点时，具体表达式为

$$c_{ik}^{P} = \begin{cases} \dfrac{4(1-\nu)(\pi + \theta_1 - \theta_2) + (\sin 2\theta_2 - \sin 2\theta_1)}{8\pi(1-\nu)} & i = k = 1 \\ \dfrac{\cos 2\theta_1 - \cos 2\theta_2}{8\pi(1-\nu)} & i \neq k \\ \dfrac{4(1-\nu)(\pi + \theta_1 - \theta_2) + (\sin 2\theta_1 - \sin 2\theta_2)}{8\pi(1-\nu)} & i = k = 2 \end{cases} \qquad (3\text{-}12)$$

θ_1、θ_2 分别为 x_1 轴的正方向到 P 点两侧切线的外法线所产生角度，方向均以逆时针为正，顺时针为负，如图 3-1 所示，图中所示 θ_1 为负，θ_2 为正。

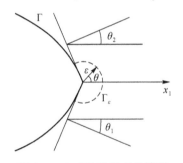

图 3-1　P 点为边界点的情形

为了得到弹性动力学问题源点位移的时域边界积分方程，将式（3-10）对 τ 从 0 到 t 积分。将式（3-10）第三项积分对时间进行分部积分，并根据基本解表达式可知，$(u_{ik}^{*})_{\tau=t} = (\dot{u}_{ik}^{*})_{\tau=t} = 0$，在零初始条件下，$(u_k)_{\tau=0} = (\dot{u}_k)_{\tau=0} = 0$，得到

$$\iint_{\Omega}\int_{0}^{t} \rho(\ddot{u}_{ik}^{*}u_k - \ddot{u}_k u_{ik}^{*})\mathrm{d}\tau\mathrm{d}\Omega = \iint_{\Omega}\left[\rho[\dot{u}_{ik}^{*}u_k - \dot{u}_k u_{ik}^{*}]_{\tau=0}^{\tau=t} - \int_{0}^{t}\rho(\dot{u}_{ik}^{*}\dot{u}_k - \dot{u}_k\dot{u}_{ik}^{*})\mathrm{d}\tau\right]\mathrm{d}\Omega = 0$$

$$(3\text{-}13)$$

因此，得到位移边界积分方程式（3-14）。

$$c_{ik}u_k(P,\ t) = -\int_{\Gamma}\int_{0}^{t} p_{ik}^{*}(P,\ \tau;\ Q,\ t)u_k(Q,\ \tau)\mathrm{d}\tau\mathrm{d}\Gamma + $$

$$\int_{\Gamma}\int_{0}^{t} u_{ik}^{*}(P,\ \tau;\ Q,\ t)p_k(Q,\ \tau)\mathrm{d}\tau\mathrm{d}\Gamma \qquad (3\text{-}14)$$

3.1.2   根据功的互等定理推导

采用虚功原理推导边界积分方程的过程比较简单，图 3-2 为受力物体的两种弹性状态。

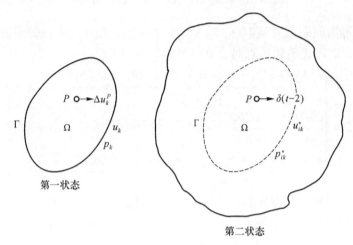

第一状态

第二状态

图 3-2   受力物体的两种状态

第一状态为弹性位移状态，第二状态为弹性力状态，在 t 时刻对两种状态应用 Graffi 互易定理可以得到式（3-9），当 τ 从 0 变化到 t 时就可得位移边界积分方程式（3-14）。式中，两积分项表示如下

$$\int_{\Gamma}\int_0^t u_{ik}^* p_k \mathrm{d}\tau \mathrm{d}\Gamma = \frac{1}{2\pi\rho c_s}\int_{\Gamma}\int_0^t \big[(E_{ik}L_s + F_{ik}L_s^{-1} + J_{ik}L_sN_s)H_sp_k -$$

$$\frac{c_s}{c_d}(F_{ik}L_d^{-1} + J_{ik}L_dN_d)H_d \big] \mathrm{d}\tau \mathrm{d}\Gamma \tag{3-15a}$$

$$\int_{\Gamma}\int_0^t p_{ik}^* u_k \mathrm{d}\tau \mathrm{d}\Gamma = \frac{1}{2\pi\rho c_s}\int_{\Gamma}\Big[(A_{ik} + D_{ik})\overline{\overline{\int_0^t rL_s^3 u_kH_s\mathrm{d}\tau}} + B_{ik}\int_0^t L_sN_su_kH_s\mathrm{d}\tau -$$

$$\frac{c_s}{c_d}\Big(B_{ik}\int_0^t L_dN_du_kH_d\mathrm{d}\tau + D_{ik}\overline{\overline{\int_0^t rL_d^3 u_kH_d\mathrm{d}\tau}} \Big) \Big] \mathrm{d}\Gamma \tag{3-15b}$$

式中，$\overline{\overline{}}$ 表示 Hadamard 主值积分符号。

需要特别说明的是，这两类边界积分方程同时适用于有限域与无限域问题。无限域问题边界积分方程中本应多出两项积分：$\displaystyle\lim_{\rho\to\infty}\int_{\Gamma_\rho}\int_0^t u_{ik}^* p_k \mathrm{d}\tau \mathrm{d}\Gamma$ 和 $\displaystyle\lim_{\rho\to\infty}\int_{\Gamma_\rho}\int_0^t p_{ik}^* u_k \mathrm{d}\tau \mathrm{d}\Gamma$，其中 ρ 为包含内边界 Γ 的虚设大圆外边界 Γ_ρ 的半径。当 $\rho \to$

∞ 时，问题类型就转化为了无限域。然而这两项积分不同于静力学问题，在动力学问题中只有在 $M_w = c_w(t - \tau) - r \geq 0$ 即 $H(M_w) = 1$ 时非零。当 $\rho \to \infty$ 时，显然 $r \to \infty$，$H(M_w) = 0$，则上述两项积分自然消失（即为零）。

对此可以用波动问题的物理意义来解释，对于所研究时间段 $[0, t]$ 内任意时刻从无穷远处发出的脉冲波前不可能在 t 时刻之前到达源点 P，即不会引起源点 P 任何响应（如位移、速度、面力、应力和应变等）。这也是静力学和动力学的区别所在，静力学问题只要内部有力的作用，都应认为虚设大圆外边界 Γ_ρ 上合力总是和内部合力等大反向，虚设无限大外边界的作用不容忽视；而动力学问题在有限时间段内所产生应力波一定不会到达无限远处，即无限外边界对所研究问题无任何影响。

从边界积分方程的形式可以看出，与弹性静力学边界积分方程相比，动力学问题边界积分方程采用的基本解都与时间相关。

3.2 边界积分方程的数值离散

实际工程中为使得数学描述更贴近问题本质，积分方程往往较复杂，这使得所建立的边界积分方程直接求取解析解难度加大，甚至无法求解。这时就要转变思考问题的方法，对于全边界或全域规律性不强的问题，可以借鉴牛顿和莱布尼茨的微积分思想，他们将整个积分域划分为大量微域，在每个微域内采用较有规律的近似替代，那么每个微域内的计算结果就可以很容易求出，然后再将每个微域的计算结果求和得到全域计算结果，这就是数值算法。随着 20 世纪计算机技术飞速发展，为数值算法的成长创造了条件。这种思想和算法已经融入到有限元理论中，后起的边界元法也将其引入到求解边界积分方程的思路中去，成功地处理了很多解析解无法解决的问题。

数值处理将形式上复杂或无法直接求取解析解的边界积分方程进行离散化，问题本身是离散载体，对于离散出的每个单元进行有规律的近似替代，那么单元上就可以采用 Gauss 数值积分或解析积分的方式进行计算。通过本节处理，时域边界积分方程成为离散形式，方便后续求解。

3.2.1 时–空间域内单元类型与选择方法

弹性动力学时域边界积分方程包括对时间和空间积分，因此需进行时间和空间上的离散。

时域边界元法和其他数值方法一样网格尺寸应尽可能小，在波的传播过程中，才可以更准确地得到离散单元的影响系数，结果精度才会更高。然而网格越小、节点越多计算量就会越大，随之就会带来机时的大量耗费，这对每一个科研工作者来说都不愿看到。因此，合适的网格尺寸选取就显得尤为重要。许多学者们已经对这个问题进行过一些探索，得知：网格尺寸和波长之比应小于 1/4~1/6，这是计算结果精度较高的一个基本条件。

另外一个影响精度的因素就是时间步长 Δt 的选择。Δt 过小，不但计算量增加很多，还可能产生失稳现象；Δt 选取太大，精度又会不满足要求。所以，应找到一个合适的时间步长 Δt。Brebbia 和 Mansur 曾提出选取系数 $\beta = c_d \Delta t / l_{max}$（$c_d$ 为 P 波波速，l_{max} 为最大单元的长度）的概念[2]，并做了一些初步研究，发现当 β 取值在 0.2 ~ 0.8 之间时，所得到的时间步长 Δt 较适当。

本文所有相关单元尺寸的划分和时间步长 Δt 的选取将采用以上结论。

另外，空间离散采用何种单元，考量标准有两个：近似替代的精度以及计算精度。编著者曾讨论过几种单元的选取和奇异积分处理问题。

对于常量元，遇到奇异性时所需处理的积分公式较简单，但是，常量元只能将某个单元的边界条件和坐标当作常数处理，就会导致前处理上产生较大误差，当然计算结果也不会很理想。然而，对于只有平行于坐标轴的直边界和常数边界条件的问题，结果精度较高，并且不会产生节点面力不连续带来的问题。

线性元能够将单元坐标和边界条件按照单元节点线性插值，效果比起常量元会好得多，并且时空积分公式也能够很容易求出，方便采用有限积分法处理奇异性，角点的面力不连续问题可以采用双节点法、重节点法或节点双力法进行处理，最终得到的结果比较理想。

对于二次元或更高次元，由于插值函数的高次性，前处理极为准确，却导致处理奇异性时积分求取变得很困难甚至不可能。因此，高次元奇异积分处理只能采用特殊的 Gauss 积分或其他数值方法处理，其结果并不理想，甚至会远低于常量元和二次元。当然，对于具有复杂几何边界或边界条件问题，高次元处理具有较好的精度。

总之，对于不同问题要选择适当单元进行离散效率才会更高，考虑到常见问题的边界以及边界条件并不复杂，以几类单元自身特点，全文除面力在时间上采用常量元以外所有离散单元均采用线性元。

3.2.2 时间域的离散

将时间域 $[0, t]$ 进行等步长离散，即离散为 M 个步长为 $\Delta t = t/M$ 的时间区间，时间节点 $t_m = m\Delta t$，m 取值范围为 0, 1, 2, 3, $\cdots$, $M-1$, M。假定面力在每一个时间步长内为常量，位移在每一个时间步长内随时间线性变化。则边界上的场点 Q 在 τ 时刻面力变量 $p_k^{(m)}(Q, \tau)$ 和位移变量 $u_k^{(m)}(Q, \tau)$ 用时间节点变量 p_k^m、$u_k^{(m, 1)}$ 和 $u_k^{(m, 2)}$ 表示，在时间上的插值表达式详见式（3-16），其中 $\tau \in [t_{m-1}, t_m]$（$1 \leqslant m \leqslant M$），$t_0 = 0$。

$$\begin{cases} p_k^{(m)}(Q,\ \tau) = p_k^m h_m \\ u_k^{(m)}(Q,\ \tau) = \displaystyle\sum_{a=1}^{n_a} \Psi_a^m u_k^{(m,\ a)} \end{cases} \qquad (3\text{-}16)$$

上式中，上标 $(m,\ a)$ 表示第 m 个时间区间 $[t_{m-1},\ t_m]$ 第 a 个时间节点，n_a 表示每个时间单元中的节点数量，采用线性插值单元时 $n_a = 2$，a 取 1 和 2 时分别表示时间节点 t_{m-1} 和 t_m。插值函数 Ψ_a^m 详见式（3-17）

$$\begin{cases} \Psi_1^m(\tau) = \dfrac{t_m - \tau}{\Delta t} \\ \Psi_2^m(\tau) = \dfrac{\tau - t_{m-1}}{\Delta t} \end{cases} \qquad (3\text{-}17)$$

3.2.3 空间域的离散

空间上仅需对边界进行离散，边界积分方程也随之转化为了离散形式。常用边界元及其形函数见表 3-1。本文在整个空间上均采用线性元离散，单元划分情况如图 3-3 所示。

表 3-1 几种边界元及其形函数

边界单元	常量元	线性元	二次元
形函数	$N_1(\xi) = 1$	$\begin{cases} N_1(\xi) = \dfrac{1}{2}(1-\xi) \\ N_2(\xi) = \dfrac{1}{2}(1+\xi) \end{cases}$	$\begin{cases} N_1(\xi) = -\dfrac{1}{2}\xi(1-\xi) \\ N_2(\xi) = 1 - \xi^2 \\ N_3(\xi) = \dfrac{1}{2}\xi(1+\xi) \end{cases}$
单元几何	$\overset{1}{\circ}$	$\overset{1}{\circ}\ \ \overset{2}{\circ}$	$\overset{1}{\circ}\ \overset{3}{\circ}\ \overset{2}{\circ}$
节点数量	1	2	3

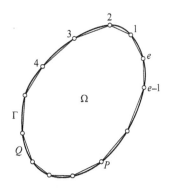

图 3-3 线性元的网格划分情况

空间离散基于时间离散后的形式，离散后边界单元 e 上 Q 点面力变量 $p_k^{(m;e)}(Q,\tau)$ 和位移变量 $u_k^{(m;e)}(Q,\tau)$，可采用节点变量表示，如式（3-18）所示。

$$\begin{cases} p_k^{(m;e)}(Q,\tau) = \sum_{b=1}^{n_b} p_k^{(m;e,b)} N_b(\xi) \\ u_k^{(m;e)}(Q,\tau) = \sum_{b=1}^{n_b}\sum_{a=1}^{n_a} \Psi_a^m u_k^{(m,a;e,b)} N_b(\xi) \end{cases} \tag{3-18}$$

式中，n_b 为每个空间单元中的节点数量；$N_b(\xi)$ 为形函数，详见表 3-1。

3.2.4 边界积分方程的离散

随着时间和空间的离散，边界积分方程也成为了时-空间单元的离散形式，把离散完成的变量代入边界积分方程，则边界积分方程中位移和面力积分项就成为了离散形式，见式（3-19）。

$$\begin{cases} \iint_\Gamma\int_0^t u_{ik}^* p_k \,\mathrm{d}\tau\mathrm{d}\Gamma = \sum_{e=1}^{n_e}\sum_{m=1}^{M}\sum_{b=1}^{n_b} g_{ik}^{(m;e,b)} p_k^{(m;e,b)} \\ \iint_\Gamma\int_0^t p_{ik}^* u_k \,\mathrm{d}\tau\mathrm{d}\Gamma = \sum_{e=1}^{n_e}\sum_{m=1}^{M}\sum_{b=1}^{n_b}\sum_{a=1}^{n_a} \bar{h}_{ik}^{(m,a;e,b)} u_k^{(m,a;e,b)} \end{cases} \tag{3-19}$$

式中，n_e 为边界单元个数，上标中 (e,b) 表示空间单元 e 第 b 个节点。式中各单元影响系数表达式详见式（3-20）。

$$\begin{cases} g_{ik}^{(m;e,b)} = \int_{\Gamma_e}\int_{t_{m-1}}^{t_m} u_{ik}^* N_b \,\mathrm{d}\tau\mathrm{d}\Gamma \\ \bar{h}_{ik}^{(m,a;e,b)} = \int_{\Gamma_e}\int_{t_{m-1}}^{t_m} p_{ik}^* \Psi_a^m N_b \,\mathrm{d}\tau\mathrm{d}\Gamma \end{cases} \tag{3-20}$$

式中，$g_{ik}^{(m;e,b)}$ 为场点面力对源点位移影响系数；$\bar{h}_{ik}^{(m,a;e,b)}$ 表示场点位移对源点位移影响系数。

本节将边界积分方程在时间和空间上完全离散，所有积分系数成为了在时间单元和空间单元上的积分。离散过程是一个由少到多，由整到分的过程。然而，这种看起来是将问题复杂化的目的只有一个，就是将原来不能在全积分域的解析积分，转化多个可以处理的单元积分。虽然单元积分看起来是琐碎的，但是不能处理问题得到了解决。

在离散之前讨论了各种边界元的优劣以及适应性，确定了时间步长的合理范围，在时间和空间上选择了合适的离散方案。时间上对面力采用常量元，其余量均采用线性元离散，空间边界的离散均采用线性单元。边界积分方程随着时-空间单元离散，也成为了离散形式。

3.3 基于线性元的单元系数计算

3.3.1 引言

上节内容将边界积分方程各积分项离散成了单元积分，单元积分的求解是边界元法的核心。找到一套运算量小、精度高且稳定性好的单元积分求解方案，是每一个边界元研究人员所追求的目标。

当源点和场点不重合时，所产生的单元积分是仅存在时间上的奇异性，可以通过计算奇异积分的 Hadamard 主值进行处理，空间上不存在奇异性，计算较为简单，一般数值积分即可满足计算精度。当源点和场点重合时，所产生的单元积分具有时间和空间上的奇异性，而奇异积分存在奇异部分和非奇异部分，采用奇异分离法将二者分离开来，奇异部分采用解析算法计算，非奇异部分仍然按照数值积分法计算。奇异部分的处理，需首先变换积分顺序，并直接计算单元上奇异积分的 Hadamard 主值，不再依赖奇异点周围单元，得到形式较为简洁的积分结果。

3.3.2 奇异性的类型

3.3.2.1 波前奇异性

波前的突然到达引起计算点 P 位移和应力等状态的突变，称为波前奇异性，详见图 3-4。波前奇异性产生条件为：τ 时刻由 Q 点发出的脉冲在 t 时刻波前恰好到达计算点 P，且 P 与 Q 不重合时，即 $c_w(t-\tau) \to r$ 且 $r \nrightarrow 0$。上述 r 为场点与源点距离，τ 为脉冲发出时刻，t 为研究时刻，c_w 为波速。在积分中的表现形式是：$L_w = \dfrac{1}{\sqrt{c_w^2(t-\tau)^2 - r^2}} \to +\infty$。

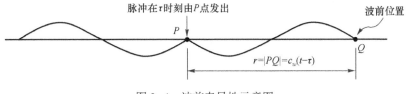

图 3-4 波前奇异性示意图

3.3.2.2 空间奇异性

若 $r \to 0$，当奇异积分在 Riemann 意义下可积时，称为弱奇异积分，例如 $\ln r$

（线积分），$1/r$（面积分）或 $1/r^2$（体积分）；当奇异积分在 Riemann 意义下不可积，但在 Cauchy 主值意义下可积时，称为强奇异积分，例如 $1/r$（线积分），$1/r^2$（面积分）或 $1/r^3$（体积分）；当奇异积分在 Riemann 意义下和在 Cauchy 主值意义下都不可积，但在 Hadamard 主值意义下可积时，称为超强奇异积分，例如 $1/r^2$（线积分），$1/r^3$（面积分）或 $1/r^4$（体积分）。

单位脉冲作用在计算点 P 后，由于作用面积为无穷小，导致计算点 P 瞬时响应（位移、面力）为无穷大而产生奇异，这种由空间尺度造成的奇异性称为空间奇异性，如图 3-5 所示。空间奇异性产生条件为：脉冲作用点 Q 与计算点 P 重合，且研究时刻 t 晚于脉冲发出时刻 τ，即 $r \to 0$ 且 $t > \tau$。在积分中的表现形式为：$1/r^n \to + \infty \; (n > 0)$。

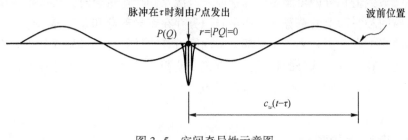

图 3-5 空间奇异性示意图

3.3.2.3 双重奇异性

单位脉冲刚作用在计算点 P 的一瞬间，由于脉冲的突然作用以及作用面积无穷小，导致其瞬时响应（位移、面力）为无穷大而产生奇异，为双重奇异性，这种奇异性，仅会出现在脉冲刚刚作用时的源点及其附近小邻域。这种奇异性强于波前奇异性和空间奇异性，处理起来也最为复杂，如图 3-6 所示。

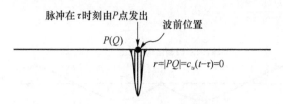

图 3-6 双重奇异性示意图

双重奇异性产生条件为：P 与 Q 重合，且研究时刻 t 即为脉冲发出时刻 τ，即 $r \to 0$ 且 $t \to \tau$。在积分中表现为上述两种奇异因子同时出现：$L_w = \dfrac{1}{\sqrt{c_w^2(t-\tau)^2 - r^2}} \to + \infty$，$\dfrac{1}{r^n} \to + \infty \; (n > 0)$。

数值离散后，所产生的单元影响系数积分是后续解决的重点问题。按照以上三种奇异性，可以把单元分成不同类型。根据空间奇异性，可以分为空间奇异单元和非空间奇异单元。以源点 P 为节点的单元，必然存在空间奇异性，那么这些单元也就是空间奇异性单元，否则，为非空间奇异单元。根据波前奇异性产生条件，可以得出包含距源点为 $r \to c_w(t - \tau) \neq 0$ 的场点的单元为波前奇异性单元。如果某单元具有空间和波前奇异性，则该单元是一个双重奇异性单元，即最后一个时间区间内以源点 P 为节点的单元。

3.3.3 单元影响系数求解

以源点 P 为节点的单元，单元影响系数 h 具有空间奇异性，其他单元的 h 不具有空间奇异性；而无论是否以源点 P 为节点的单元，影响系数 g 都不具有奇异性。根据是否具有空间奇异性将采用不同的计算方法。对于非空间奇异影响系数，采用半解析半数值法，先在时间上采用 Hadamard 主值积分解析处理波前奇异性，再采用 Gauss 数值积分法计算空间积分；对于空间奇异影响系数，在空间和时间上均采用 Hadamard 主值积分处理。通过本节处理，式（3-13）中的影响系数由积分形式完全转化为代数形式，边界积分方程也将完全转化为代数方程。

3.3.3.1 非空间奇异影响系数的计算

A 非空间奇异影响系数的形式

非空间奇异影响系数不具有空间奇异性，即 $r \neq 0$，或即使 $r = 0$，所涉及积分在 Riemann 积分意义下可积。所以子矩阵元素的表达式可以直接从边界积分方程得到，不需要进行转换。影响系数表达式可以通过将相应的基本解代入式（3-20）得到。表达式如下：

$$2\pi\rho c_s^2 g_{ik}^{(m;e,b)} = 2\pi\rho c_s^2 \int_{\Gamma_e} \int_{t_{m-1}}^{t_m} u_{ik}^* N_b \mathrm{d}\tau \mathrm{d}\Gamma$$

$$= \int_{\Gamma_e} \left[(E_{ik} a_s^m + F_{ik} b_s^m + J_{ik} c_s^m) - \frac{c_s^2}{c_d^2} (F_{ik} b_d^m + J_{ik} c_d^m) \right] N_b \mathrm{d}\Gamma$$

$$(3-21)$$

$$2\pi\rho c_s^2 \bar{h}_{ik}^{(m,a;e,b)} = 2\pi\rho c_s^2 \int_{\Gamma_e} \int_{t_{m-1}}^{t_m} p_{ik}^* \Psi_a^m N_b \mathrm{d}\tau \mathrm{d}\Gamma$$

$$= \int_{\Gamma_e} \left[(A_{ik} + D_{ik}) e_s^{m,a} + B_{ik} d_s^{m,a} - \frac{c_s^2}{c_d^2} (B_{ik} d_d^{m,a} + D_{ik} e_d^{m,a}) \right] N_b \mathrm{d}\Gamma$$

$$(3-22)$$

其中，与时间相关的核函数表达式如下

$$a_w^m = \int_{t_{m-1}}^{t_m} c_w L_w H_w \mathrm{d}\tau$$

$$b_w^m = \int_{t_{m-1}}^{t_m} c_w L_w^{-1} H_w \mathrm{d}\tau$$

$$c_w^m = \int_{t_{m-1}}^{t_m} c_w L_w N_w H_w \mathrm{d}\tau$$

$$d_w^{m,a} = \int_{t_{m-1}}^{t_m} c_w L_w N_w \Psi_a^m H_w \mathrm{d}\tau$$

$$e_w^{m,a} = \sqrt{\int_{t_{m-1}}^{t_m} c_w r L_w^3 \Psi_a^m H_w \mathrm{d}\tau}$$

根据上述时间积分表达式，对 τ 积分的过程中将会遇到 L_w 和 L_w^3 型奇异积分，接下来将进行处理。

B　Hadamard 主值积分计算处理波前奇异性

非空间奇异影响系数反映了除源点之外的点对源点位移或应力的影响，或者源点对自身影响，但积分非奇异。由于不具有空间奇异性，就不具备双重奇异性产生的条件，因此只有波前奇异性。采取先 τ 后 r 的积分顺序，先对 τ 进行积分，并处理波前奇异性，再对 r 采用 Gauss 数值积分计算。

取 $t_{rw} = t - r/c_w$ 表示 $\tau = t_{rw}$ 时刻发出的脉冲在 t 时刻波前正好到达 r 处，即距离源点 P 为 r 的场点 Q 的奇异时刻为 t_{rw}。

对 τ 的积分过程需要处理 L_w 和 L_w^3 型奇异积分，在某一包含波前奇异性的时间区间 $[t_{m-1}, t_m]$ 内，根据 3.1 节假定 u_k 随时间线性变化，p_k 为常量，其中 $\Delta t = t_m - t_{m-1}$ 为一较短时间段。则包含 L_w 的奇异积分成为

$$\int_{t_{m-1}}^{t_m} c_w L_w H_w \mathrm{d}\tau = \lim_{\tau \to t_{rw}} \int_{t_{m-1}}^{\tau} c_w L_w \mathrm{d}\tau = \ln \left| \frac{r}{c_w(t - t_{m-1}) - \sqrt{c_w^2(t - t_{m-1})^2 - r^2}} \right|$$

$$(3-23)$$

这种类型的奇异积分仅具有空间上的对数奇异性，可采用对数型 Gauss 积分公式计算[3]。对于 L_w^3 型奇异积分，需采用有限积分法求其 Hadamard 主值积分[4]。符号 "$\overline{}$" 表示奇异积分的有限部分，有限部分积分的通用公式如下

$$\overline{\int_a^b \frac{A(x)}{(b-x)^{p+\frac{1}{2}}} \mathrm{d}x} = \int_a^b \frac{A_1(x)}{(b-x)^{p+\frac{1}{2}}} \mathrm{d}x - \sum_{n=0}^{p-1} \frac{k_n}{\left(p - n - \frac{1}{2}\right)(b-a)^{p-n-\frac{1}{2}}} \quad (p \geqslant 1)$$

$$(3-24)$$

其中

$$A_1(x) = A(x) - \sum_{n=0}^{p-1} k_n (b-x)^n$$

且

$$k_n = (-1)^n \frac{A^{(n)}(b)}{n!}$$

于是边界积分方程中下列包含 L_w^3 型奇异积分的 Hadamard 主值积分可计算如下

$$\int_a^b \frac{A(x)}{(b-x)^{\frac{3}{2}}}\mathrm{d}x = \lim_{y \to b}\frac{\partial}{\partial y}\int_a^y \frac{A(x)}{(y-x)^{\frac{1}{2}}}\mathrm{d}x = \lim_{y \to b}\int_a^y \frac{A(x)}{(y-x)^{\frac{3}{2}}}\mathrm{d}x - \frac{2A(x)}{\sqrt{b-x}}\bigg|_{x=b}$$

$$(3-25)$$

$$\int_0^t c_w r L_w^3 H_w \varPsi_a^m \mathrm{d}\tau = \lim_{\tau \to t_{rw}}\left\{\int_0^\tau c_w r L_w^3 \varPsi_a^m \mathrm{d}\tau - L_w \varPsi_a^m\right\} \qquad (3-26)$$

从上面计算可以看出有限积分法直接计算奇异积分的 Hadamard 主值，不需要保留奇异积分的无穷部分，相对 Cauchy 主值的计算方法来说变得简化很多。

为了使表达更为简洁，进行如下替换

$$\gamma_w = \frac{1}{c_w \Delta t}$$

$$A_{w1} = \sqrt{c_w(t-t_{m-1})-r} \quad A_{w2} = \sqrt{c_w(t-t_{m-1})+r} \quad A_{w7} = c_w(t-t_{m-1})$$

$$A_{w3} = \sqrt{c_w(t-t_m)-r} \quad A_{w4} = \sqrt{c_w(t-t_m)+r} \quad A_{w8} = c_w(t-t_m)$$

$$A_{w5} = \sqrt{c_w(t-t_{m+1})-r} \quad A_{w6} = \sqrt{c_w(t-t_{m+1})+r} \quad A_{w9} = c_w(t-t_{m+1})$$

参数 $A_{w1} \sim A_{w9}$ 均与 $t - t_m$ 有关，即它们是 $M - m$ 的函数。

此时，就可以计算上述平面应变问题的时间-空间域基本解的时间积分。根据奇异时刻与计算时间段的大小关系，分为以下四种情况：

（1）当 $t_{m+1} \leqslant t_{rw}$，$\tau \in [t_{m-1}, t_m]$ 或 $[t_m, t_{m+1}]$ 时，$M_w \geqslant 0$，$H_w = 1$。

$$a_w^m = \ln|L_w^{-1} - c_w(t-\tau)|\,\big|\big|_{t_{m-1}}^{t_m} = \ln\left|\frac{A_{w1}A_{w2} + A_{w7}}{A_{w3}A_{w4} + A_{w8}}\right|$$

$$b_w^m = -\frac{1}{2}\left[r^2\ln|L_w^{-1} - c_w(t-\tau)| + c_w(t-\tau)L_w^{-1}\right]\big|_{t_{m-1}}^{t_m}$$

$$= -\frac{1}{2}\left[r^2 a_w^m + (A_{w3}A_{w4}A_{w8} - A_{w1}A_{w2}A_{w7})\right]$$

$$c_w^m = -c_w(t-\tau)L_w^{-1}\,\big|_{t_{m-1}}^{t_m} = -A_{w3}A_{w4}A_{w8} + A_{w1}A_{w2}A_{w7}$$

$$d_w^{m,2} = -\frac{c_w^2(t+2\tau-3t_{m-1})(t-\tau) - r^2}{3c_w L_w \Delta t}\bigg|_{t_{m-1}}^{t_m}$$

$$= -\frac{\gamma_w}{3}\left[(A_{w3}A_{w4})^3 - (A_{w1}A_{w2})^3\right] - A_{w8}A_{w3}A_{w4}$$

$$d_w^{m+1,1} = \frac{c_w^2(t+2\tau-3t_{m+1})(t-\tau) - r^2}{3c_w L_w \Delta t}\bigg|_{t_m}^{t_{m+1}}$$

$$= \frac{\gamma_w}{3}\left[(A_{w5}A_{w6})^3 - (A_{w3}A_{w4})^3\right] + A_{w8}A_{w3}A_{w4}$$

$$e_w^{m,2} = \frac{c_w^2(t-t_{m-1})(t-\tau)-r^2}{c_w r L_w^{-1}\Delta t}\Bigg|_{t_{m-1}}^{t_m} = \frac{1}{r}\left[\gamma_w(A_{w3}A_{w4}-A_{w1}A_{w2})+\frac{A_{w8}}{A_{w3}A_{w4}}\right]$$

$$e_w^{m+1,1} = -\frac{c_w^2(t-t_{m+1})(t-\tau)-r^2}{c_w r L_w^{-1}\Delta t}\Bigg|_{t_m}^{t_{m+1}} = -\frac{1}{r}\left[\gamma_w(A_{w5}A_{w6}-A_{w3}A_{w4})+\frac{A_{w8}}{A_{w3}A_{w4}}\right]$$

（2）当 $t_m \leqslant t_{rw} \leqslant t_{m+1}$，$\tau \in [t_{m-1},\ t_m] \cup [t_m,\ t_{rw}]$ 时，$M_w \geqslant 0$，$H_w = 1$；$\tau \in (t_{rw},\ t_{m+1}]$ 时，$M_w < 0$，$H_w = 0$。

$$a_w^m = \ln\left|\frac{A_{w1}A_{w2}+A_{w7}}{A_{w3}A_{w4}+A_{w8}}\right|$$

$$b_w^m = -\frac{1}{2}\left[r^2 a_w^m + (A_{w3}A_{w4}A_{w8}-A_{w1}A_{w2}A_{w7})\right]$$

$$c_w^m = -A_{w3}A_{w4}A_{w8}+A_{w1}A_{w2}A_{w7}$$

$$d_w^{m,2} = -\frac{\gamma_w}{3}\left[(A_{w3}A_{w4})^3-(A_{w1}A_{w2})^3\right]-A_{w8}A_{w3}A_{w4}$$

$$d_w^{m+1,1} = \frac{c_w^2(t+2\tau-3t_{m+1})(t-\tau)-r^2}{3c_w L_w \Delta t}\Bigg|_{\tau=t_m}$$

$$= -\frac{\gamma_w}{3}(A_{w3}A_{w4})^3+A_{w8}A_{w3}A_{w4}$$

$$e_w^{m,2} = \frac{c_w^2(t-t_{m-1})(t-\tau)-r^2}{c_w r L_w^{-1}\Delta t}\Bigg|_{t_{m-1}}^{t_m}$$

$$= \frac{1}{r}\left[\gamma_w(A_{w3}A_{w4}-A_{w1}A_{w2})+\frac{A_{w8}}{A_{w3}A_{w4}}\right]$$

$$e_w^{m+1,1} = -\frac{c_w^2(t-t_{m+1})(t-\tau)-r^2}{c_w r L_w^{-1}\Delta t}\Bigg|_{t_m}^{t_{rw}} - L_w \Psi_1^{m+1}\big|_{t_{rw}}$$

$$= \frac{1}{r}\left(\gamma_w A_{w3}A_{w4}-\frac{A_{w8}}{A_{w3}A_{w4}}\right)$$

（3）当 $t_{m-1} \leqslant t_{rw} \leqslant t_m$，$\tau \in [t_{m-1},\ t_{rw}]$ 时，$M_w \geqslant 0$，$H_w = 1$；$\tau \in (t_{rw},\ t_m] \cup [t_m,\ t_{m+1}]$ 时，$M_w < 0$，$H_w = 0$。

$$a_w^m = \ln\left|L_w^{-1}-c_w(t-\tau)\right|\big|_{t_{m-1}}^{t_{rw}} = \ln\left|\frac{A_{w1}A_{w2}+A_{w7}}{r}\right|$$

$$b_w^m = -\frac{1}{2}\left[r^2\ln\left|L_w^{-1}+c_w(t-\tau)\right|+c_w(t-\tau)L_w^{-1}\right]\big|_{t_{m-1}}^{t_{rw}}$$

$$= -\frac{1}{2}(r^2 a_w^m - A_{w1}A_{w2}A_{w7})$$

$$c_w^m = -c_w(t-\tau)L_w^{-1}\big|_{t_{m-1}}^{t_{rw}} = A_{w1}A_{w2}A_{w7}$$

$$d_w^{m,2} = \frac{c_w^2(t + 2\tau - 3t_{m-1})(t - \tau) - r^2}{3c_w L_w \Delta t}\bigg|_{\tau = t_{m-1}} = \frac{\gamma_w}{3}(A_{w1}A_{w2})^3$$

$$d_w^{m+1,1} = 0$$

$$e_w^{m,2} = \left[\frac{c_w^2(t - t_{m-1})(t - \tau) - r^2}{c_w r L_w^{-1} \Delta t} - L_w \Psi_2^m\right]\bigg|_{t_{m-1}}^{t_{rw}} = -\frac{\gamma_w}{r}A_{w1}A_{w2}$$

$$e_w^{m+1,1} = 0$$

（4）当 $t_{m-1} > t_{rw}$，$\tau \in [t_{m-1}, t_m]$ 或 $[t_m, t_{m+1}]$ 时，$M_w < 0$，$H_w = 0$。

$$a_w^m = b_w^m = c_w^m = d_w^{m,2} = d_w^{m+1,1} = e_w^{m,2} = e_w^{m+1,1} = 0$$

不具有空间奇异性的矩阵元素已经都可以求出。注意到某些时间积分系数中含有无法消除的 $\frac{1}{r}$ 项，所以这种方法不能直接用于求取具有空间奇异性的奇异子矩阵元素。

C　非空间奇异影响系数空间积分计算

求得各影响系数表达式以及时间积分后，采用 Gauss 积分法计算各元素，积分在自然坐标下进行。为了使积分计算结果既能满足精度要求，又不致因为积分点太多而大大降低计算速度，采用变 Gauss 积分点数量的方法进行计算，根据源点 P 到边界单元的靠近程度采用不同的积分点数目，靠近程度采用源点 P 到边界单元中点距离 d 与单元长度 L 的比值来衡量，当该比值较大时采用较少积分点，反之采用较多积分点。

在任意边界单元 e 中，场点 Q 的相关计算如下

$$\begin{cases} x_1^Q = \sum_{i=1}^{2} N_i x_1^{(i)}, \quad x_2^Q = \sum_{i=1}^{2} N_i x_2^{(i)} \\ \mathrm{d}x_1 = \sum_{i=1}^{2} x_1^{(i)} \mathrm{d}N_i = \frac{1}{2}(x_1^{(2)} - x_1^{(1)})\mathrm{d}\xi \\ \mathrm{d}x_2 = \sum_{i=1}^{2} x_2^{(i)} \mathrm{d}N_i = \frac{1}{2}(x_2^{(2)} - x_2^{(1)})\mathrm{d}\xi \\ \mathrm{d}\Gamma = \sqrt{(\mathrm{d}x_1)^2 + (\mathrm{d}x_2)^2} = \frac{L^e}{2}\mathrm{d}\xi \end{cases} \tag{3-27}$$

与 Gauss 积分点相应的物理坐标为

$$\begin{cases} x_m^g = \sum_{i=1}^{2} N_i^g x_m^{(i)} \\ r^g = \sqrt{(x_1^g - x_1^P)^2 + (x_2^g - x_2^P)^2} \end{cases} \tag{3-28}$$

边界单元非空间奇异影响系数的 Gauss 积分按如下公式计算

$$\int_\Gamma f_\Gamma^m(x) N \mathrm{d}\Gamma = \sum_{g=1}^{ng} \frac{L}{2} f_\Gamma^m[x(\xi_g)] N(\xi_g)\omega_g \tag{3-29}$$

至此, 所有非空间奇异影响系数都可计算出来。

3.3.3.2 空间奇异影响系数的计算

A 奇异分离法处理空间奇异影响系数

奇异分离法是一种可将非纯奇异积分分离为非奇异部分积分和奇异部分积分的方法。一般是通过多项式乘法、裂项法或分离变量法将奇异性混合在一起的被积函数表达式分离开来, 再通过合并同类项得到被积函数的非奇异部分和奇异部分。

空间奇异影响系数都是奇异单元对源点位移或应力影响系数, 源点也是基本解计算时单位脉冲直接作用的位置, 所以奇异性较强。对于不包括 t_{rw} 的时间段, 积分只具有空间奇异性, 对于包括 t_{rw} 的时间段, 积分具有双重奇异性, 处理方法比较复杂。下面将给出所有情况下空间奇异影响系数的表达式及奇异性类型。

a 源点 P 是 e 单元第一点

当源点 P 是 e 单元第一点时, 即 $P = (e, 1)$, 如图 3-7 (a) 所示。

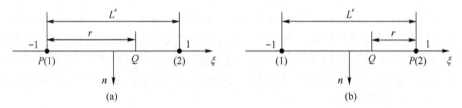

图 3-7 P 点和边界单元节点重合的情形

(a) P 与边界单元第一点重合; (b) P 与边界单元第二点重合

在单元 e 内存在如下关系

$$\begin{cases} r = \sqrt{(x_1^Q - x_1^P)^2 + (x_2^Q - x_2^P)^2} = \dfrac{L^e}{2}(1 + \xi) \\[2mm] \mathrm{d}\Gamma = \mathrm{d}r = \dfrac{L^e}{2}\mathrm{d}\xi \\[2mm] \dfrac{\partial r}{\partial x_1^Q} = \dfrac{x_1^{(e,2)} - x_1^{(e,1)}}{L^e}, \quad \dfrac{\partial r}{\partial x_2^Q} = \dfrac{x_2^{(e,2)} - x_2^{(e,1)}}{L^e} \\[2mm] n_1 = \cos(n, x_1) = \dfrac{x_2^{(e,2)} - x_2^{(e,1)}}{L^e}, \quad n_2 = \cos(n, x_2) = -\dfrac{x_1^{(e,2)} - x_1^{(e,1)}}{L^e} \\[2mm] \dfrac{\partial r}{\partial n} = \dfrac{\partial r}{\partial x_1^Q}n_1 + \dfrac{\partial r}{\partial x_2^Q}n_2 = 0 \end{cases}$$

(3-30)

由于以 r 为积分变量计算较为简单, 所有变量都转化为 r 的函数。形函数按

下式转化

$$\begin{cases} N_1 = \dfrac{1}{2}(1-\xi) = 1 - \dfrac{r}{L^e} \\[2mm] N_2 = \dfrac{1}{2}(1+\xi) = \dfrac{r}{L^e} \end{cases} \tag{3-31}$$

则具有空间奇异性的影响系数 g 计算如下

$$2\pi\rho c_s^2 g_{ik}^{(m;e,1)} = 2\pi\rho c_s^2 \int_{\Gamma_e}\int_{t_{m-1}}^{t_m} u_{ik}^* N_1 \mathrm{d}\tau\mathrm{d}\Gamma$$

$$= \int_0^{L^e}\left[(E_{ik}a_s^m + F_{ik}b_s^m + J_{ik}c_s^m) - \frac{c_s^2}{c_d^2}(F_{ik}b_d^m + J_{ik}c_d^m)\right]\left(1 - \frac{r}{L^e}\right)\mathrm{d}r \tag{3-32}$$

$$2\pi\rho c_s^2 g_{ik}^{(m;e,2)} = 2\pi\rho c_s^2 \int_{\Gamma_e}\int_{t_{m-1}}^{t_m} u_{ik}^* N_1 \mathrm{d}\tau\mathrm{d}\Gamma$$

$$= \int_0^{L^e}\left[(E_{ik}a_s^m + F_{ik}b_s^m + J_{ik}c_s^m) - \frac{c_s^2}{c_d^2}(F_{ik}b_d^m + J_{ik}c_d^m)\right]\frac{r}{L^e}\mathrm{d}r \tag{3-33}$$

对式（3-32）进行奇异分离得到 $g_{ik}^{(m;e,1)}$ 的非奇异部分 $gn_{ik}^{(m;e,1)}$ 和奇异部分 $gs_{ik}^{(m;e,1)}$，见式（3-34）和式（3-35）。

$$2\pi\rho c_s^2 gn_{ik}^{(m;e,1)} = -\int_0^{L^e}\left[(E_{ik}a_s^m + F_{ik}b_s^m + J_{ik}c_s^m) - \frac{c_s^2}{c_d^2}(F_{ik}b_d^m + J_{ik}c_d^m)\right]\frac{r}{L^e}\mathrm{d}r \tag{3-34}$$

$$2\pi\rho c_s^2 gs_{ik}^{(m;e,1)} = \int_0^{L^e}\left[(E_{ik}a_s^m + F_{ik}b_s^m + J_{ik}c_s^m) - \frac{c_s^2}{c_d^2}(F_{ik}b_d^m + J_{ik}c_d^m)\right]\mathrm{d}r \tag{3-35}$$

根据 E_{ik}、F_{ik} 和 J_{ik}（见 3.1 节）以及 a_w^m、b_w^m 和 c_w^m 的表达式可以看出，奇异部分 $gs_{ik}^{(m;e,1)}$ 具有对数奇异性；非奇异部分 $gn_{ik}^{(m;e,1)}$ 与 $g_{ik}^{(m;e,2)}$ 互为相反数，均不具有空间奇异性。

具有空间奇异性的影响系数 h 计算如下

$$2\pi\rho c_s^2 \overline{h}_{ik}^{(m,a;e,1)} = 2\pi\rho c_s^2 \int_{\Gamma_e}\int_{t_{m-1}}^{t_m} p_{ik}^* \Psi_a^m N_1 \mathrm{d}\tau\mathrm{d}\Gamma$$

$$= \int_0^{L^e}\left[(A_{ik} + D_{ik})e_s^{m,a} + B_{ik}d_s^{m,a} - \frac{c_s^2}{c_d^2}(B_{ik}d_d^{m,a} + D_{ik}e_d^{m,a})\right]\left(1 - \frac{r}{L^e}\right)\mathrm{d}r \tag{3-36}$$

$$2\pi\rho c_s^2 \bar{h}_{ik}^{(m,a;e,2)} = 2\pi\rho c_s^2 \int_{\Gamma_e}\int_{t_{m-1}}^{t_m} p_{ik}^* \Psi_a^m N_2 \mathrm{d}\tau \mathrm{d}\Gamma$$

$$= \int_0^{L^e}\left[(A_{ik}+D_{ik})e_s^{m,a}+B_{ik}d_s^{m,a}-\frac{c_s^2}{c_d^2}(B_{ik}d_d^{m,a}+D_{ik}e_d^{m,a})\right]\frac{r}{L^e}\mathrm{d}r$$

$$(3-37)$$

对式（3-37）进行奇异分离得到 $\bar{h}_{ik}^{(m,a;e,1)}$ 的非奇异部分 $\bar{h}n_{ik}^{(m,a;e,1)}$ 和奇异部分 $\bar{h}s_{ik}^{(m,a;e,1)}$，见式（3-38）和式（3-39）。

$$2\pi\rho c_s^2 \bar{h}n_{ik}^{(m,a;e,1)} = -\int_0^{L^e}\left[(A_{ik}+D_{ik})e_s^{m,a}+B_{ik}d_s^{m,a}-\frac{c_s^2}{c_d^2}(B_{ik}d_d^{m,a}+D_{ik}e_d^{m,a})\right]\frac{r}{L^e}\mathrm{d}r$$

$$(3-38)$$

$$2\pi\rho c_s^2 \bar{h}s_{ik}^{(m,a;e,1)} = \int_0^{L^e}\left[(A_{ik}+D_{ik})e_s^{m,a}+B_{ik}d_s^{m,a}-\frac{c_s^2}{c_d^2}(B_{ik}d_d^{m,a}+D_{ik}e_d^{m,a})\right]\mathrm{d}r$$

$$(3-39)$$

根据 A_{ik}、B_{ik} 和 D_{ik}（见 3.1 节）以及 $e_w^{m,a}$ 和 $d_w^{m,a}$ 的表达式可以看出，奇异部分 $\bar{h}s_{ik}^{(m,a;e,1)}$ 具有 $\frac{1}{r}$ 强奇异性；非奇异部分 $\bar{h}n_{ik}^{(m,a;e,1)}$ 与 $\bar{h}_{ik}^{(m,a;e,2)}$ 互为相反数，均不具有空间奇异性。

b 源点 P 是 e 单元第二点

当源点 P 是 e 单元第二点时，即 $P=(e,2)$，如图 3-7（b）所示。当采用线性元时在单元 e 内存在如下关系

$$\begin{cases} r=\sqrt{(x_1^Q-x_1^{(e,2)})^2+(x_2^Q-x_2^{(e,2)})^2}=\dfrac{L^e}{2}(1-\xi) \\[2mm] \mathrm{d}\Gamma=-\mathrm{d}r=\dfrac{L^e}{2}\mathrm{d}\xi \\[2mm] \dfrac{\partial r}{\partial x_1^Q}=-\dfrac{x_1^{(e,2)}-x_1^{(e,1)}}{L^e},\quad \dfrac{\partial r}{\partial x_2^Q}=-\dfrac{x_2^{(e,2)}-x_2^{(e,1)}}{L^e} \\[2mm] n_1=\cos(n,x_1)=\dfrac{x_2^{(e,2)}-x_2^{(e,1)}}{L^e},\quad n_2=\cos(n,x_2)=-\dfrac{x_1^{(e,2)}-x_1^{(e,1)}}{L^e} \\[2mm] \dfrac{\partial r}{\partial n}=\dfrac{\partial r}{\partial x_1^Q}n_1+\dfrac{\partial r}{\partial x_2^Q}n_2=0 \end{cases}$$

$$(3-40)$$

由于以 r 为积分变量计算较为简单，所有变量都转化为 r 的函数。形函数按下式转化

$$\begin{cases} N_1 = \dfrac{1}{2}(1 - \xi) = \dfrac{r}{L^e} \\[2mm] N_2 = \dfrac{1}{2}(1 + \xi) = 1 - \dfrac{r}{L^e} \end{cases} \tag{3-41}$$

则具有空间奇异性的影响系数 g 计算如下

$$\begin{aligned} 2\pi\rho c_s^2 g_{ik}^{(m;e,1)} &= 2\pi\rho c_s^2 \int_{\Gamma_e} \int_{t_{m-1}}^{t_m} u_{ik}^* N_1 \mathrm{d}\tau \mathrm{d}\Gamma \\ &= \int_0^{L^e} \left[(E_{ik}a_s^m + F_{ik}b_s^m + J_{ik}c_s^m) - \frac{c_s^2}{c_d^2}(F_{ik}b_d^m + J_{ik}c_d^m) \right] \frac{r}{L^e} \mathrm{d}r \end{aligned} \tag{3-42}$$

$$\begin{aligned} 2\pi\rho c_s^2 g_{ik}^{(m;e,2)} &= 2\pi\rho c_s^2 \int_{\Gamma_e} \int_{t_{m-1}}^{t_m} u_{ik}^* N_2 \mathrm{d}\tau \mathrm{d}\Gamma \\ &= \int_0^{L^e} \left[(E_{ik}a_s^m + F_{ik}b_s^m + J_{ik}c_s^m) - \frac{c_s^2}{c_d^2}(F_{ik}b_d^m + J_{ik}c_d^m) \right] \left(1 - \frac{r}{L^e}\right) \mathrm{d}r \end{aligned} \tag{3-43}$$

对式（3-43）进行奇异分离得到 $g_{ik}^{(m;e,2)}$ 的非奇异部分 $gn_{ik}^{(m;e,2)}$ 和奇异部分 $gs_{ik}^{(m;e,2)}$，见式（3-44）和式（3-45）。

$$2\pi\rho c_s^2 gn_{ik}^{(m;e,2)} = \int_0^{L^e} \left[(E_{ik}a_s^m + F_{ik}b_s^m + J_{ik}c_s^m) - \frac{c_s^2}{c_d^2}(F_{ik}b_d^m + J_{ik}c_d^m) \right] \frac{r}{L^e} \mathrm{d}r \tag{3-44}$$

$$2\pi\rho c_s^2 gs_{ik}^{(m;e,2)} = \int_0^{L^e} \left[(E_{ik}a_s^m + F_{ik}b_s^m + J_{ik}c_s^m) - \frac{c_s^2}{c_d^2}(F_{ik}b_d^m + J_{ik}c_d^m) \right] \mathrm{d}r \tag{3-45}$$

根据 E_{ik}、F_{ik} 和 J_{ik}（见 3.1 节）以及 a_w^m、b_w^m 和 c_w^m 的表达式可以看出，奇异部分 $gs_{ik}^{(m;e,2)}$ 具有对数奇异性；非奇异部分 $gn_{ik}^{(m;e,2)}$ 与 $g_{ik}^{(m;e,1)}$ 互为相反数，均不具有空间奇异性。

具有空间奇异性的影响系数 h 计算如下：

$$\begin{aligned} 2\pi\rho c_s^2 \overline{h}_{ik}^{(m,a;e,1)} &= 2\pi\rho c_s^2 \int_{\Gamma_e} \int_{t_{m-1}}^{t_m} p_{ik}^* \Psi_a^m N_1 \mathrm{d}\tau \mathrm{d}\Gamma \\ &= \int_0^{L^e} \left[(A_{ik} + D_{ik})e_s^{m,a} + B_{ik}d_s^{m,a} - \frac{c_s^2}{c_d^2}(B_{ik}d_d^{m,a} + D_{ik}e_d^{m,a}) \right] \frac{r}{L^e} \mathrm{d}r \end{aligned} \tag{3-46}$$

$$\begin{aligned} 2\pi\rho c_s^2 \overline{h}_{ik}^{(m,a;e,2)} &= 2\pi\rho c_s^2 \int_{\Gamma_e} \int_{t_{m-1}}^{t_m} p_{ik}^* \Psi_a^m N_2 \mathrm{d}\tau \mathrm{d}\Gamma \\ &= \int_0^{L^e} \left[(A_{ik} + D_{ik})e_s^{m,a} + B_{ik}d_s^{m,a} - \frac{c_s^2}{c_d^2}(B_{ik}d_d^{m,a} + D_{ik}e_d^{m,a}) \right] \left(1 - \frac{r}{L^e}\right) \mathrm{d}r \end{aligned} \tag{3-47}$$

对式（3-47）进行奇异分离得到 $\bar{h}_{ik}^{(m,a;e,2)}$ 的非奇异部分 $\bar{hn}_{ik}^{(m,a;e,2)}$ 和奇异部分 $\bar{hs}_{ik}^{(m,a;e,2)}$，见式（3-48）和式（3-49）。

$$2\pi\rho c_s^2 \bar{hn}_{ik}^{(m,a;e,2)} = -\int_0^{L^e}\left[(A_{ik}+D_{ik})e_s^{m,a}+B_{ik}d_s^{m,a}-\frac{c_s^2}{c_d^2}(B_{ik}d_d^{m,a}+D_{ik}e_d^{m,a})\right]\frac{r}{L^e}dr \tag{3-48}$$

$$2\pi\rho c_s^2 \bar{hs}_{ik}^{(m,a;e,2)} = \int_0^{L^e}\left[(A_{ik}+D_{ik})e_s^{m,a}+B_{ik}d_s^{m,a}-\frac{c_s^2}{c_d^2}(B_{ik}d_d^{m,a}+D_{ik}e_d^{m,a})\right]dr \tag{3-49}$$

根据 A_{ik}、B_{ik} 和 D_{ik}（见 3.1 节）以及 $e_w^{m,a}$ 和 $d_w^{m,a}$ 的表达式可以看出，奇异部分 $\bar{hs}_{ik}^{(m,a;e,2)}$ 具有 $\frac{1}{r}$ 强奇异性；非奇异部分 $\bar{hn}_{ik}^{(m,a;e,2)}$ 与 $\bar{h}_{ik}^{(m,a;e,1)}$ 互为相反数，均不具有空间奇异性。

gs 与 $\bar{h}s$ 的计算需要进行空间奇异性的处理，较为复杂，下面将给出求解原理和过程。

B　奇异性的处理

$\bar{h}s$ 是空间奇异影响系数 h 的奇异部分，奇异性最高、处理复杂，处理结果的好坏将会直接影响计算结果的优劣。前面已经提到当源点 P 是 e 单元的某个节点时，该单元内相应积分中有一部分具有较强的奇异性，这称为节点自效应。为了处理表象奇异性很强或形式较复杂的积分项，可以采用合并同类项的方法首先消除大部分奇异性。对于合并同类项不能消除的奇异性，按照常规思路需要结合时间节点与空间节点周围单元的相应元素，并计算奇异积分的 Cauchy 主值才能得到 $\bar{h}s$ 的值。为了能够快速高效地解出 $\bar{h}s$，又可以避免结合奇异点周围单元才能计算的缺点，采用单个单元独立计算 Hadamard 主值积分的方法。计算 Hadamard 主值积分的方法不仅概念清晰，同时计算效率大为提高，因为无需结合奇异点周围单元消除奇异性，编程也变得极为方便。下面首先计算时间系数积分运算，其中非奇异积分直接计算其 Riemann 积分值，奇异积分计算其 Hadamard 主值。由于式（3-30）与式（3-45）形式与解法完全相同，仅以式（3-37）说明求解方法。

a　空间奇异性处理

此类奇异积分可首先通过合并同类项的方法降低甚至消除奇异性。当不能够完全消除奇异性时，这种方法还可以清晰地看出积分的奇异性类型，并通过求其 Hadamard 主值完全消除。此时，$r \to 0$，$c_w(t-\tau)-r \to c_w(t-\tau) > 0$，则 $H_s = H_d = 1$，于是

$$\frac{1}{r^2}\left(L_s^{-1}H_s - \frac{c_s}{c_d}L_d^{-1}H_d\right)$$

$$= \frac{1}{r^2}\left(L_s^{-1}-\frac{c_s}{c_d}L_d^{-1}\right) = \frac{1}{r^2}\frac{c_d^2 L_s^{-2}-c_s^2 L_d^{-2}}{c_d^2 L_s^{-1}+c_s c_d L_d^{-1}} = -\left(1-\frac{c_s^2}{c_d^2}\right)\frac{1}{2c_s(t-\tau)} \tag{3-50}$$

b 波前奇异性处理

当对 τ 积分遇到波前奇异性时，处理方法按照前节所述处理，此处不再赘述。对空间积分时遇到的波前奇异性，积分区间为 $[0, L^e]$，L_w 型奇异积分显然是收敛的（在 Riemann 意义下可积）。对于 L_w^3 型奇异积分，需求积分 Hadamard 主值，如下

$$\overline{\int_0^{L^e} c_w r L_w^3 H_w \mathrm{d}r} = \lim_{r \to c_w(t-\tau)} \left(\int_0^r c_w r L_w^3 \mathrm{d}r - c_w L_w \right) \tag{3-51}$$

式中，$c_w(t-\tau) \le L^e$。

c 双重奇异性处理

对于双重奇异性既是空间奇异性，又是波前奇异性，只需先采用合并同类项或计算关于 r 的 Hadamard 主值，然后再计算关于 τ 的 Hadamard 主值即可。

以上述处理奇异积分的理论作基础，再去求取时空积分系数就显得很容易了。

C 时-空间积分系数的求取

需要计算的积分域为直线 $r = L^e$、$r = c_w(t-\tau)$ 与坐标轴围成区域，如图 3-8 所示。仅计算当 $\tau \in [t_1, t_2]$ 时的积分值即可，其中 $[t_1, t_2]$ 为一个较小时间单元。这一积分域可表示为

$$D_{\tau r} = \{(\tau, r) \,|\, \tau \in [t_1, t_2], r \in [0, \min(c_w(t-\tau), L)]\} \tag{3-52}$$

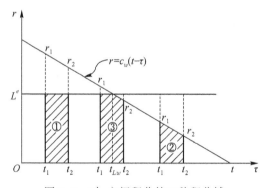

图 3-8 时-空间积分的三种积分域

取 $r_1 = c_w(t-t_1)$，$r_2 = c_w(t-t_2)$，$r_{\tau w} = c_w(t-\tau)$，$t_{Lw} = t - \dfrac{r}{c_w}$，则：当 $r_1 > L^e$ 且 $r_2 \ge L^e$ 时，积分域成为 $D_{\tau r} = \{(\tau, r) \,|\, \tau \in [t_1, t_2], r \in [0, L^e]\}$，在 $\tau - r$ 平面内是矩形域，如图 3-8 的①区域所示；当 $r_1 \le L^e$ 且 $r_2 < L^e$ 时，$D_{\tau r} = \{(\tau, r) \,|\, \tau \in [t_1, t_2], r \in [0, r_{\tau w}]\}$，在 $\tau - r$ 平面内梯形域，如图 3-8 的②区域所示；当 $r_1 > L^e$ 且 $r_2 < L^e$ 时，$D_{\tau r} = \{(\tau, r) \,|\, \tau \in [t_1, t_{Lw}], r \in [0, L^e]; \tau \in$

$[t_{Lw}, t_2]$, $r \in [0, r_{\tau w}]\}$, 在 $\tau - r$ 平面内是混合域, 如图 3-8 的③区域所示。三种积分域如图 3-8 所示。从数学角度看, 三种积分域的形状都适合于先 r 后 τ 的积分顺序。因此不再采用前面求解非奇异元素时, 先 τ 后 r 的积分顺序。否则, 积分计算过程与计算量将会复杂得多。

选定积分顺序后, 对奇异单元 (源点 P 是 e 单元第一点) $\bar{h}s_{ik}$ 的表达式 (3-30) 进行重写如下

$$2\pi\rho c_s^2 gs_{ik}^{(m;e,1)} = \int_{t_{m-1}}^{t_m} \left[(E_{ik}a_s + F_{ik}b_s + J_{ik}c_s) - \frac{c_s^2}{c_d^2}(F_{ik}b_d + J_{ik}c_d) \right] \mathrm{d}\tau$$

$$= (E_{ik}Ia_s + F_{ik}Ib_s + J_{ik}Ic_s) - \frac{c_s^2}{c_d^2}(F_{ik}Ib_d + J_{ik}Ic_d)$$

$$(3-53)$$

$$2\pi\rho c_s^2 \bar{h}s_{ik}^{(m,a;e,1)} = \int_{t_{m-1}}^{t_m} \left[(A_{ik} + D_{ik})e_s + (B_{ik}r^3)\left(d_s - \frac{c_s^2}{c_d^2}d_d\right) - \frac{c_s^2}{c_d^2}D_{ik}e_d \right] \Psi_a \mathrm{d}\tau$$

$$= (A_{ik} + D_{ik})Ie_{sa} + (B_{ik}r^3)Id_{sda} - \frac{c_s^2}{c_d^2}D_{ik}Ie_{da}$$

$$(3-54)$$

其中, $Id_{sda} = \left(Id_{sua} - \dfrac{c_s^2}{c_d^2}Id_{dua}\right) - Id_{sdla}$。

a 先对 r 积分

对 r 积分的过程中可能会遇到空间奇异性和波前奇异性。对于矩形域, 即 $r_2 \geqslant L^e$, 所有空间积分可以计算如下

$$a_w = c_w \arctan(rL_w)\,\Big|_{r=0}^{r=L^e} = c_w \arctan \frac{L^e}{\sqrt{c_w^2(t-\tau)^2 - (L^e)^2}}$$

$$b_w = -c_w \left[\frac{L_w^{-1}}{r} + \arctan(rL_w) \right] \Bigg|_{r=0}^{r=L^e} = b_{wu} - b_{wl}$$

$$b_{wu} = -c_w \frac{L_w^{-1}}{r}\Bigg|_{r=L^e} - a_w$$

$$b_{wl} = -c_w \frac{L_w^{-1}}{r}\Bigg|_{r=0}$$

$$b_{sdl} = b_{sl} - \frac{c_s^2}{c_d^2}b_{dl} = -\lim_{r \to 0} c_s r\left(\frac{L_s^{-1}}{r^2} - \frac{c_s}{c_d}\frac{L_d^{-1}}{r^2}\right) = 0$$

$$b_w = b_{wu}$$

$$c_w = \int_0^L \frac{c_w L_w N_w H_w}{r^2} \mathrm{d}r = -c_w \left[\frac{2L_w^{-1}}{r} + \arctan(rL_w) \right] \Bigg|_0^L = 2b_w + a_w$$

$$d_w = \int_0^{L^e} \frac{c_w L_w N_w}{r^3} \mathrm{d}r = d_{wu} - d_{wl}$$

$$d_{wu} = -\frac{c_w L_w^{-1}}{r^2} \Bigg|_{r=L^e} \qquad d_{wl} = -\frac{c_w L_w^{-1}}{r^2} \Bigg|_{r=0}$$

下标中"u"表示积分上限,"l"表示积分下限,下同。

$$e_w = \int_0^{L^e} c_w r L_w^3 \mathrm{d}r = c_w L_w \Big|_0^{L^e}$$

对于第二种积分域（混合域），即 $r_2 \le L$ 且 $r_1 \ge L$。$\tau \in [t_1, t_{Lw}]$，是矩形域，按矩形域的方法计算；$\tau \in [t_{Lw}, t_2]$，是梯形域，按梯形域的方法计算。

对于第三种积分域（梯形域），即 $r_1 \le L$，所有空间积分可以计算如下

$$a_w = \frac{\pi}{2} c_w$$

$$b_{wu} = -a_w$$

$$c_{wu} = -a_w$$

$$d_{wu} = -\frac{c_w L_w^{-1}}{r^2} \Bigg|_{r=r_{\tau w}} = 0$$

$$e_w = \lim_{r \to c_w(t-\tau)} \left(\int_0^r c_w r L_w^3 \mathrm{d}r - c_w L_w \right) = -\frac{1}{t-\tau}$$

上述所有积分中存在的波前奇异性已通过求 Hadamard 主值的方法消除了。

对于三种积分域都有

$$d_{sdl} = d_{sl} - \frac{c_s^2}{c_d^2} d_{dl} = -\frac{c_s}{r^2} \left(L_s^{-1} - \frac{c_d}{c_s} L_d^{-1} \right) = \frac{1}{2(t-\tau)} \left(1 - \frac{c_s^2}{c_d^2} \right)$$

通过合并同类项消除了空间奇异性。

b 再对 τ 积分

积分过程可能会遇到波前奇异性，如果其中的波前奇异性在对 r 积分时出现了空间奇异性，那么这个奇异性就是双重奇异性。为了使表达更为简洁，进行如下替换

$$B_{w1} = \sqrt{c_w(t-t_1) - L^e} \quad B_{w2} = \sqrt{c_w(t-t_1) + L^e} \quad B_{w5} = c_w(t-t_1)$$

$$B_{w3} = \sqrt{c_w(t-t_2) - L^e} \quad B_{w4} = \sqrt{c_w(t-t_2) + L^e} \quad B_{w6} = c_w(t-t_2)$$

这六个参数均与 $t - t_m$ 有关，即他们是 $M - m$ 的函数。

（1）矩形域，即 $r_2 \ge L$ 时，所有时间积分可以计算如下

$$Ia_w = \left\{ -c_w(t-\tau)\arctan\frac{L^e}{\sqrt{c_w^2(t-\tau)^2-(L^e)^2}} + \right.$$

$$\left. L^e\ln[c_w(t-\tau)-\sqrt{c_w^2(t-\tau)^2-(L^e)^2}] \right\}\Bigg|_{t_1}^{t_2}$$

$$= -B_{w6}\arctan\frac{L^e}{B_{w3}B_{w4}} + L^e\ln[B_{w6}-B_{w3}B_{w4}] +$$

$$B_{w5}\arctan\frac{L^e}{B_{w1}B_{w2}} - L^e\ln[B_{w5}-B_{w1}B_{w2}]$$

$$Ib_w = \frac{1}{2}\left\{ c_w(t-\tau)\frac{\sqrt{c_w^2(t-\tau)^2-(L^e)^2}}{L^e} + \right.$$

$$\left. L\ln[c_w(t-\tau)-\sqrt{c_w^2(t-\tau)^2-(L^e)^2}] \right\}\Bigg|_{t_1}^{t_2} - Ia_w$$

$$= \frac{1}{2}\left\{ \frac{B_{w3}B_{w4}B_{w6}}{L^e} + L^e\ln[B_{w6}-B_{w3}B_{w4}] - \right.$$

$$\left. \frac{B_{w1}B_{w2}B_{w5}}{L^e} - L^e\ln[B_{w5}-B_{w1}B_{w2}] \right\} - Ia_w$$

$$Ic_w = 2Ib_w + Ia_w$$

$$Id_{wu1} = \int_{t_1}^{t_2} d_{wu}\Psi_1 d\tau$$

$$= \left\{ -\frac{1}{2}\frac{\gamma_w}{(L^e)^2}c_w^2(t-\tau)(t-t_2)\sqrt{c_w^2(t-\tau)^2-(L^e)^2} + \right.$$

$$\frac{1}{3}\frac{\gamma_w}{(L^e)^2}[c_w^2(t-\tau)^2-(L^e)^2]^{\frac{3}{2}} - \frac{1}{2}\gamma_w c_w(t-t_2)\ln[c_w(t-\tau) -$$

$$\left. \sqrt{c_w^2(t-\tau)^2-(L^e)^2}] \right\}\Bigg|_{t_1}^{t_2}$$

$$= \frac{1}{2}\frac{\gamma_w}{(L^e)^2}\left[-B_{w6}^2B_{w3}B_{w4} + \frac{2}{3}(B_{w3}B_{w4})^3 - (L^e)^2B_{w6}\ln(B_{w6}-B_{w3}B_{w4}) + \right.$$

$$\left. B_{w5}B_{w6}B_{w1}B_{w2} - \frac{2}{3}(B_{w1}B_{w2})^3 + (L^e)^2B_{w6}\ln(B_{w5}-B_{w1}B_{w2}) \right]$$

$$Id_{wu2} = \int_{t_1}^{t_2} d_{wu}\Psi_2 d\tau$$

$$= \left\{ \frac{1}{2}\frac{\gamma_w}{(L^e)^2}c_w^2(t-\tau)(t-t_1)\sqrt{c_w^2(t-\tau)^2-(L^e)^2} - \right.$$

$$\frac{1}{3}\frac{\gamma_w}{(L^e)^2}[c_w^2(t-\tau)^2-(L^e)^2]^{\frac{3}{2}} +$$

$$\frac{1}{2}\gamma_w c_w(t-t_1)\ln[c_w(t-\tau)-\sqrt{c_w^2(t-\tau)^2-(L^e)^2}]\Big\}\Big|_{t_1}^{t_2}$$

$$=\frac{\gamma_w}{2(L^e)^2}\Big[B_{w5}B_{w6}B_{w3}B_{w4}-\frac{2}{3}(B_{w3}B_{w4})^3+(L^e)^2B_{w5}\ln(B_{w6}-B_{w3}B_{w4})-$$

$$B_{w5}^2B_{w1}B_{w2}+\frac{2}{3}(B_{w1}B_{w2})^3-(L^e)^2B_{w5}\ln(B_{w5}-B_{w1}B_{w2})\Big]$$

$$Ie_{w1}=\int_{t_1}^{t_2}e_w\Psi_1 d\tau$$

$$=\Big\{-\frac{c_w(t-t_2)}{c_w\Delta t}\ln[c_w(t-\tau)-\sqrt{c_w^2(t-\tau)^2-(L^e)^2}]-$$

$$\frac{\sqrt{c_w^2(t-\tau)^2-(L^e)^2}}{c_w\Delta t}-\frac{c_w\tau+c_w(t-t_2)\ln(t-\tau)}{c_w\Delta t}\Big\}\Big|_{\tau=t_1}^{\tau=t_2}$$

$$=\gamma_w[-B_{w6}\ln(B_{w6}-B_{w3}B_{w4})-B_{w3}B_{w4}+B_{w6}\ln(B_{w5}-B_{w1}B_{w2})+B_{w1}B_{w2}]-$$

$$\Big[\gamma_w B_{w6}\ln\Big(\frac{B_{w6}}{B_{w5}}\Big)+1\Big]$$

$$Ie_{w2}=\int_{t_1}^{t_2}e_w\Psi_2 d\tau$$

$$=\Big\{\frac{c_w(t-t_1)}{c_w\Delta t}\ln[c_w(t-\tau)-\sqrt{c_w^2(t-\tau)^2-(L^e)^2}]+$$

$$\frac{\sqrt{c_w^2(t-\tau)^2-(L^e)^2}}{c_w\Delta t}+\frac{c_w\tau+c_w(t-t_1)\ln(t-\tau)}{c_w\Delta t}\Big\}\Big|_{\tau=t_1}^{\tau=t_2}$$

$$=\gamma_w[B_{w5}\ln(B_{w6}-B_{w3}B_{w4})+B_{w3}B_{w4}-B_{w5}\ln(B_{w5}-B_{w1}B_{w2})-B_{w1}B_{w2}]+$$

$$\Big[\gamma_w B_{w5}\ln\Big(\frac{B_{w6}}{B_{w5}}\Big)+1\Big]$$

（2）梯形域，即 $r_1 \le L$ 时，积分计算如下

$$Ia_w=\frac{\pi}{2}\frac{1}{\gamma_w}$$

$$Ib_w=Ic_w=-Ia_w$$

$$Id_{wu1}=\int_{t_1}^{t_2}d_{wu}\Psi_1 d\tau=0$$

$$Id_{wu2}=\int_{t_1}^{t_2}d_{wu}\Psi_2 d\tau=0$$

$$Ie_{w1}=\int_{t_1}^{t_2}e_w\Psi_1 d\tau=-\frac{c_w\tau+c_w(t-t_2)\ln(t-\tau)}{c_w\Delta t}\Big|_{\tau=t_1}^{\tau=t_2}$$

$$= - \gamma_w B_{w6} \ln\left(\frac{B_{w6}}{B_{w5}}\right) - 1$$

$$Ie_{w2} = \int_{t_1}^{t_2} e_w \Psi_2 d\tau = \left. \frac{c_w \tau + c_w(t - t_1) \ln(t - \tau)}{c_w \Delta t} \right|_{\tau = t_1}^{\tau = t_2}$$

$$= \gamma_w B_{w5} \ln\left(\frac{B_{w6}}{B_{w5}}\right) + 1$$

当 $t_2 = t$ 时，Ii，Ij 和 Ie 产生了时间上的奇异性，计算原积分的 Hadamard 主值

$$Ie_{w1} = - 1$$

$$Ie_{w2} = - \gamma_w B_{w5} \ln(B_{w5}) + 1$$

（3）混合域积分，需要分两种情况分析。

1）当 $\tau \in [t_1, t_{Lw})$ 时是矩形域，只需将（1）中积分上限 t_2 全部由 t_{Lw} 替换即可。

$$Ia_w = \left\{ - c_w(t - \tau) \arctan \frac{L^e}{\sqrt{c_w^2(t - \tau)^2 - (L^e)^2}} + \right.$$

$$\left. L^e \ln\left[c_w(t - \tau) - \sqrt{c_w^2(t - \tau)^2 - (L^e)^2} \right] \right\} \Bigg|_{t_1}^{t_{Lw}}$$

$$= - \frac{\pi}{2} L^e + L^e \ln(L^e) + B_{w5} \arctan \frac{L^e}{B_{w1} B_{w2}} - L^e \ln[B_{w5} - B_{w1} B_{w2}]$$

$$Ib_w = \frac{1}{2} \left\{ c_w(t - \tau) \frac{\sqrt{c_w^2(t - \tau)^2 - (L^e)^2}}{L^e} + L \ln[c_w(t - \tau) - \right.$$

$$\left. \sqrt{c_w^2(t - \tau)^2 - (L^e)^2}] \right\} \Bigg|_{t_1}^{t_{Lw}} - Ia_w$$

$$= \frac{1}{2} \left\{ L^e \ln L^e - \frac{B_{w1} B_{w2} B_{w5}}{L^e} - L^e \ln[B_{w5} - B_{w1} B_{w2}] \right\} - Ia_w$$

$$Ic_w = 2Ib_w + Ia_w$$

$$Id_{wu1} = \int_{t_1}^{t_{Lw}} d_{wu} \Psi_1 d\tau$$

$$= - \frac{1}{2} \frac{\gamma_w}{(L^e)^2} \left[L^2 B_{w6} \ln L^e - B_{w5} B_{w6} B_{w1} B_{w2} + \right.$$

$$\left. \frac{2}{3} (B_{w1} B_{w2})^3 - (L^e)^2 B_{w6} \ln(B_{w5} - B_{w1} B_{w2}) \right]$$

$$Id_{wu2} = \int_{t_1}^{t_{Lw}} d_w \Psi_2 \mathrm{d}\tau$$

$$= -\frac{\gamma_w}{2(L^e)^2}\left[-(L^e)^2 B_{w5}\ln L^e + B_{w5}^2 B_{w1}B_{w2} - \right.$$

$$\left. \frac{2}{3}(B_{w1}B_{w2})^3 + (L^e)^2 B_{w5}\ln(B_{w5} - B_{w1}B_{w2}) \right]$$

$$Ie_{w1} = \int_{t_1}^{t_{Lw}} e_w \Psi_1 \mathrm{d}\tau$$

$$= \gamma_w\left[-B_{w6}\ln L^e + B_{w6}\ln(B_{w5} - B_{w1}B_{w2}) + B_{w1}B_{w2} \right] -$$

$$\gamma_w\left[(B_{w5} - L^e) + B_{w6}\ln\left(\frac{L^e}{B_{w5}}\right) \right]$$

$$Ie_{w2} = \int_{t_1}^{t_{Lw}} e_w \Psi_2 \mathrm{d}\tau$$

$$= \gamma_w\left[B_{w5}\ln L^e - B_{w5}\ln(B_{w5} - B_{w1}B_{w2}) - B_{w1}B_{w2} \right] +$$

$$\gamma_w\left[(B_{w5} - L^e) + B_{w5}\ln\left(\frac{L^e}{B_{w5}}\right) \right]$$

2）当 $\tau \in [t_{Lw}, t_2]$ 时是梯形域，只需将（2）中积分下限值 t_1 全部由 t_{Lw} 替换即可。

$$Ia_w = \frac{\pi}{2}(L - B_{w6})$$

$$Ib_w = Ic_w = -Ia_w$$

$$Id_{wu1} = \int_{t_{Lw}}^{t_2} d_{wu} \Psi_1 \mathrm{d}\tau = 0$$

$$Id_{wu2} = \int_{t_{Lw}}^{t_2} d_{wu} \Psi_2 \mathrm{d}\tau = 0$$

$$Ie_{w1} = \int_{t_{Lw}}^{t_2} e_w \Psi_1 \mathrm{d}\tau = -\gamma_w\left[(B_{w6} - L^e) + B_{w6}\ln\left(\frac{B_{w6}}{L^e}\right) \right]$$

$$Ie_{w2} = \int_{t_1}^{t_2} e_w \Psi_2 \mathrm{d}\tau = \gamma_w\left[(B_{w6} - L^e) + B_{w5}\ln\left(\frac{B_{w6}}{L^e}\right) \right]$$

当 $t_2 = t$ 时，Ie 产生了时间上的奇异性，计算原积分的 Hadamard 主值

$$Ie_{w1} = -\gamma_w L^e$$

$$Ie_{w2} = \gamma_w\left[-B_{w5}\ln(L^e) + L^e \right]$$

上述三种情况中，$t_2 \neq t$ 时

$$Id_{sdl1} = \int_{t_1}^{t_2} d_{sdl} \Psi_1 \mathrm{d}\tau = \frac{c_s \tau + c_s(t - t_2)\ln(t - \tau)}{2c_s \Delta t} \left(1 - \frac{c_s^2}{c_d^2}\right) \Bigg|_{t_1}^{t_2}$$

$$= \frac{1}{2}\left(1 - \frac{c_s^2}{c_d^2}\right) \left[1 + \gamma_s B_{s6}\ln\left(\frac{B_{w6}}{B_{w5}}\right)\right]$$

$$Id_{sdl2} = \int_{t_1}^{t_2} d_{sdl} \Psi_2 \mathrm{d}\tau = -\frac{c_s \tau + c_s(t - t_1)\ln(t - \tau)}{2c_s \Delta t} \left(1 - \frac{c_s^2}{c_d^2}\right) \Bigg|_{t_1}^{t_2}$$

$$= -\frac{1}{2}\left(1 - \frac{c_s^2}{c_d^2}\right) \left[1 + \gamma_s B_{s5}\ln\left(\frac{B_{w6}}{B_{w5}}\right)\right]$$

$t_2 = t$ 时

$$Id_{sdl1} = \lim_{t_2 \to t} \int_{t_1}^{t_2} d_{sdl} \Psi_1 \mathrm{d}\tau = \frac{1}{2}\left(1 - \frac{c_s^2}{c_d^2}\right)$$

上式求取了 Riemann 积分，属弱奇异积分

$$Id_{sdl2} = \lim_{t_2 \to t} \left[\int_{t_1}^{t_2} d_{sdl} \Psi_2 \mathrm{d}\tau + \frac{1}{2}\left(1 - \frac{c_s^2}{c_d^2}\right)\gamma_s B_{s5}\ln(B_{s6})\right]$$

$$= -\frac{1}{2}\left(1 - \frac{c_s^2}{c_d^2}\right) \left[1 - \gamma_s B_{s5}\ln(B_{s5})\right]$$

所有奇异单元的时-空间积分系数都已求出。这些积分公式在数学上都是严格成立的，因此不会引入任何误差，并且公式相对来说较简便，可以将得到的结果直接代入 $\bar{h}s$ 计算。需要注意的是，时-空间积分系数的计算结果针对的是某一特定时-空间单元，因此在计算 $\bar{h}s$ 时，需要在时间和空间单元上进行组装。

本节首先对奇异性的类型、产生原因及数学形式进行了详述；其次根据单元积分的不同奇异性类型，采用了有针对性的处理方案，如波前奇异性单元积分采用 Hadamard 主值积分法处理，即通过研究弹性动力学基本解的形式，将波前奇异性单元积分的核函数运用 Hadamard 主值积分原理解析求解；空间奇异性单元积分采用分子有理化方法处理，即通过考虑 P 波及 S 波的相互作用，将两种波对应的数学表达式进行代数求和，采用分子有理化的数学方法对奇异积分解析求解；双重奇异性单元积分采用节点互消法处理，即在波前及空间奇异性处理的基础上，再通过变形协调条件联系奇异点两侧单元影响，将两侧单元相应表达式进行代数求和，奇异性得以解析互消。这套方案对奇异性的处理过程采用数学上严格成立的解析解，不再采用刚体位移法这一间接数值方法，除数值离散过程中带来不可避免的误差外，几乎不引入任何计算误差。

3.4 系数矩阵的组装与方程求解

3.4.1 影响系数矩阵的组装

从上节内容可以看出，离散后的单元数量较大，尤其是对于大规模计算问题，所需计算的单元积分更是数量庞大，如果不按照某种方式进行组装，会使计算过程极为繁杂，难以进行有规律的处理。本节将琐碎的单元影响系数按照时间节点及空间节点对号入座，组装成为总影响系数矩阵，将边界积分方程转化为线性代数方程组。

3.4.1.1 单元影响系数矩阵的形成

A 对时间单元的组装

面力影响系数在每一时间单元上为常量，不需要对时间单元组装；位移影响系数在每一时间单元上采用线性插值，除时间节点 $m = 0$ 和 $m = M$ 影响系数分别只需考虑其后单元和前单元的贡献外，其他时间节点影响系数需要考虑该时间节点前单元和后单元的总贡献，即遵循相邻单元对公共节点的影响系数进行代数求和的原则。对时间单元的组装可采用以下数学表达式描述：

$$\bar{h}_{ik}^{(m;e,b)} = \begin{cases} \bar{h}_{ik}^{(m+1,1;e,b)} + \bar{h}_{ik}^{(m,2;e,b)} & m = 1,\ 2,\ \cdots,\ M-1 \\ \bar{h}_{ik}^{(m,2;e,b)} & m = M \end{cases} \quad (3-55)$$

式中 $\bar{h}_{ik}^{(m;e,a)}$ ——时间上组装后位移对源点位移的影响系数。

组装后可以得到源点 P 的单点边界积分方程对时间进行组装后的矩阵形式如下

$$[c]\{u\}^{M,P} = \sum_{e=1}^{n_e} \left(-[\bar{h}]^{MM,e}\{u\}^{M,e} + [g]^{MM,e}\{p\}^{M,e} \right) + \{a\}^{M,e} \quad (3-56)$$

其中

$$\{a\}^{M,e} = \sum_{m=0}^{M-1} \sum_{e=1}^{n_e} \left(-[\bar{h}]^{Mm,e}\{u\}^{m,e} + [g]^{Mm,e}\{p\}^{m,e} \right) \quad (3-57)$$

式中，上角标 Mm 表示所计算时刻 $t = M\Delta t$，脉冲作用时间节点为 $t_m = m\Delta t$。其中

$$[g]^{Mm,e}\{p\}^{m,e} = \begin{bmatrix} g_{11}^{(m;e,1)} & g_{12}^{(m;e,1)} & g_{11}^{(m;e,2)} & g_{12}^{(m;e,2)} \\ g_{21}^{(m;e,1)} & g_{22}^{(m;e,1)} & g_{21}^{(m;e,2)} & g_{22}^{(m;e,2)} \end{bmatrix} \begin{Bmatrix} p_1^{(m;e,1)} \\ p_2^{(m;e,1)} \\ p_1^{(m;e,2)} \\ p_2^{(m;e,2)} \end{Bmatrix} \quad (3-58)$$

$$\left[\,\overline{h}\,\right]^{Mm,e}\{u\}^{m,e} = \begin{bmatrix} \overline{h}_{11}^{(m;e,1)} & \overline{h}_{12}^{(m;e,1)} & \overline{h}_{11}^{(m;e,2)} & \overline{h}_{12}^{(m;e,2)} \\ \overline{h}_{21}^{(m;e,1)} & \overline{h}_{22}^{(m;e,1)} & \overline{h}_{21}^{(m;e,2)} & \overline{h}_{22}^{(m;e,2)} \end{bmatrix} \begin{Bmatrix} u_1^{(m;e,1)} \\ u_2^{(m;e,1)} \\ u_1^{(m;e,2)} \\ u_2^{(m;e,2)} \end{Bmatrix} \qquad (3\text{-}59)$$

B　对空间单元的组装

对时间单元组装完成后，产生的代数方程组维数降低，表达相对简单。为了能够进一步简化，进行空间单元的组装，组装时仍遵循相邻单元对公共节点的影响系数进行代数求和的原则。单连通域的组装可以采用如下关系式

$$g_{ik}^{Mm;e} = \begin{cases} g_{ik}^{(m;n_e,2)} + g_{ik}^{(m;e,1)} & e = 1 \\ g_{ik}^{(m;e-1,2)} + g_{ik}^{(m;e,1)} & e = 2,\ 3,\ \cdots,\ n_e \end{cases} \qquad (3\text{-}60)$$

$$\overline{h}_{ik}^{m;e} = \begin{cases} \overline{h}_{ik}^{(m;n_e,2)} + \overline{h}_{ik}^{(m;e,1)} & e = 1 \\ \overline{h}_{ik}^{(m;e-1,2)} + \overline{h}_{ik}^{(m;e,1)} & e = 2,\ 3,\ \cdots,\ n_e \end{cases} \qquad (3\text{-}61)$$

需要说明的是，对于多连通域的组装难以采用代数形式表达，但组装原理是相同的。当 $e = P$ 且 $m = M$ 时，式（3-61）中 $\overline{h}_{ik}^{m;e}$ 还应加上 c_{ik} 得到 $h_{ik}^{m;e}$。对时间和空间组装后产生的单点矩阵代数方程组为

$$[h]^{MM}\{u\}^M = [g]^{MM}\{p\}^M + \{a\}^M \qquad (3\text{-}62)$$

其中

$$\{a\}^M = \sum_{m=0}^{M-1} \left(-[\,\overline{h}\,]^{Mm}\{u\}^m + [g]^{Mm}\{p\}^m \right) \qquad (3\text{-}63)$$

式中，$\{u\}^m$ 和 $\{p\}^m$ 为 t_m 时刻总位移和总面力向量，影响系数矩阵包含了所有节点对源点 P 的影响系数。

3.4.1.2　总矩阵方程的形成

当源点 P 遍历所有边界节点，经过组装就形成了一系列形如式（3-62）的单点矩阵代数方程组，将这些代数方程组写成总体矩阵形式，最终可以得到一个阶数为 $2n_e$ 的总代数方程组，见式（3-64）和式（3-65）。

$$[H]^{MM}\{u\}^M = [G]^{MM}\{p\}^M + \{A\}^M \qquad (3\text{-}64)$$

式中，向量 $\{A\}^M$ 只与计算时刻之前的节点响应有关，为已知量，表达式如下

$$\{A\}^M = \sum_{m=0}^{M-1} \left(-[\,\overline{H}\,]^{Mm}\{u\}^m + [G]^{Mm}\{p\}^m \right) \qquad (3\text{-}65)$$

矩阵方程中的各影响系数矩阵和节点向量就成为了总影响系数矩阵和总节点向量。从前述各核函数计算结果可以看出，各影响系数矩阵有一个共同特点，即仅随 $M - m$ 的变化而变化，这个特点能够使得矩阵计算大为简化，实际上每次只

需计算新增最大差值 $M-1$ 所对应的影响系数矩阵,把每次计算出来的矩阵存储起来以供后续时间步重复使用。

3.4.2 方程求解

在求解式(3-64)之前,先对未知量进行分析,在边界上,任一点在任一坐标轴方向的面力与位移总是知一求一,因此在 $\{u\}^M$ 和 $\{p\}^M$ 中均可能存在未知量,且总未知量为 $2N_e$ 个。为了方便求解方程组,首先需要将式(3-64)整理成标准代数方程组的形式,即将已知量和未知量分离开来。求解过程可按如下两步进行。

(1)将式(3-64)的 $\{u\}^M$ 中已知量与 $\{p\}^M$ 中未知量对调,同时,$[H]^{MM}$ 与 $[G]^{MM}$ 中的相应列也交换位置并改变符号,形成未知量向量 $\{x\}^M$ 和对应矩阵 $[A_1]^{MM}$,将已知向量和对应矩阵的乘积计算出来,并与 $\{A\}^M$ 求和得到 $\{y\}^M$。代数方程组的标准形式如下

$$[A_1]^{MM}\{x\}^M = \{y\}^M \tag{3-66}$$

(2)将位移矩阵方程中的未知向量 $\{x\}^M$ 求解出来,见式(3-67),$\{x\}^M$ 包含所有边节点未知量。再通过整理可得到所有节点的未知位移和未知面力。

$$\{x\}^M = ([A_1]^{MM})^{-1}\{y\}^M \tag{3-67}$$

本节内容解决了影响系数的组装和方程求解问题。由于研究的是动力学问题,需要对时间和空间上进行组装,组装后得到了边界积分方程的代数方程组形式。这一代数方程组的未知量可能位于节点面力向量和位移向量中,因此需要先对代数方程组整理为标准形式,再进行求解。

3.5 非节点位移与应力计算

3.5.1 非节点位移求解

在边界点所有未知量(包括边界点面力、位移)都解出之后,将其直接代入式(3-68)计算即可,影响系数矩阵的波前奇异性仍采用 3.3.3.1 的处理方法,不存在任何空间奇异性,可全部采用 Gauss 数值积分法求解影响系数矩阵元素。

$$\{u_p\}^M = \sum_{m=0}^{M} \left(-[\overline{H}]^{Mm}\{u\}^m + [G]^{Mm}\{p\}^m \right) \tag{3-68}$$

注意:上式未进行任何关于空间奇异性的处理,不可用于边界点未知量的计算。

3.5.2 非节点应力求解

3.5.2.1 弹性动力学非节点应力边界积分方程

几何方程式 (2-24) 可写成

$$\varepsilon_{ij}(P, t) = \frac{1}{2}[u_{i,j}(P, t) + u_{j,i}(P, t)] \tag{3-69}$$

式中，$u_{i,j}(P, t)$ 和 $u_{j,i}(P, t)$ 为源点位移对源点坐标的导数。

物理方程式 (3-25a) 可写成

$$\sigma_{ij}(P, t) = \lambda \delta_{ij} \varepsilon_{mm}(P, t) + 2\mu \varepsilon_{ij}(P, t) \tag{3-70}$$

根据 P 为内点时的边界积分方程式 (3-14)、几何方程式 (3-69) 和物理方程式 (3-70)，得到应力边界积分方程，需要注意几何方程源点位移对源点坐标的导数

$$\sigma_{ij}(P, t) = -\int_\Gamma \int_0^t s_{ijk}^*(P, \tau; Q, t) u_k(Q, \tau) \mathrm{d}\tau \mathrm{d}\Gamma +$$

$$\int_\Gamma \int_0^t d_{ijk}^*(P, \tau; Q, t) p_k(Q, \tau) \mathrm{d}\tau \mathrm{d}\Gamma \tag{3-71}$$

式中，积分方程中位移影响系数核函数 s_{ijk}^* 和面力影响系数核函数 d_{ijk}^* 表示如下

$$s_{ijk}^* = \lambda \delta_{ij} p_{mk,m}^* + \mu(p_{ik,j}^* + p_{jk,i}^*)$$

$$= \frac{1}{2\pi\rho c_s}\left\{\left[(A_{ijk} + D_{ijk})rL_s^3 + (A_{ijk}^0 + D_{ijk}^0)\frac{\partial(rL_s^3)}{\partial r} + B_{ijk}L_sN_s + B_{ijk}^0\frac{\partial(L_sN_s)}{\partial r}\right]H_s - \right.$$

$$\left. \frac{c_s}{c_d}\left[B_{ijk}L_dN_d + B_{ijk}^0\frac{\partial(L_dN_d)}{\partial r} + D_{ijk}rL_d^3 + D_{ijk}^0\frac{\partial(rL_d^3)}{\partial r}\right]H_d \right.$$

$$\tag{3-72}$$

$$d_{ijk}^* = \lambda \delta_{ij} u_{mk,m}^* + \mu(u_{ik,j}^* + u_{jk,i}^*)$$

$$= \frac{1}{2\pi\rho c_s}\left\{\left[E_{ijk}L_s + E_{ijk}^0\frac{\partial L_s}{\partial r} + F_{ijk}L_s^{-1} + F_{ijk}^0\frac{\partial L_s^{-1}}{\partial r} + J_{ijk}L_sN_s + J_{ijk}^0\frac{\partial(L_sN_s)}{\partial r}\right] - \right.$$

$$\left. \frac{c_s}{c_d}\left[F_{ijk}L_d^{-1} + F_{ijk}^0\frac{\partial L_d^{-1}}{\partial r} + J_{ijk}L_dN_d + J_{ijk}^0\frac{\partial(L_dN_d)}{\partial r}\right]\right\}$$

$$\tag{3-73}$$

s_{ijk}^* 和 d_{ijk}^* 中只与空间相关的系数表达式如下

$$E_{ijk} = 0$$

$$E_{ijk}^0 = -\mu(\delta_{ik}r_{,j} + \delta_{jk}r_{,i} + 2\varphi\delta_{ij}r_{,k})$$

$$F_{ijk} = \frac{2\mu}{r^3}(\delta_{ik}r_{,j} + \delta_{jk}r_{,i} + 2\varphi\delta_{ij}r_{,k})$$

$$F_{ijk}^0 = -\frac{\mu}{r^2}(\delta_{ik}r_{,j} + \delta_{jk}r_{,i} + 2\varphi\delta_{ij}r_{,k})$$

$$J_{ijk} = \frac{\mu}{r^3}(2\delta_{ij}r_{,k} + \delta_{jk}r_{,i} + \delta_{ik}r_{,j} - 8r_{,i}r_{,j}r_{,k} - 2\varphi\delta_{ij}r_{,k})$$

$$J_{ijk}^0 = \frac{2\mu}{r^2}(r_{,i}r_{,j}r_{,k} + \varphi\delta_{ij}r_{,k})$$

$$A_{ijk} = \frac{\mu^2}{r}\left[-4\varphi n_k(\delta_{ij} - r_{,i}r_{,j}) + \frac{\partial r}{\partial n}(\delta_{ik}r_{,j} + \delta_{jk}r_{,i}) - 2(\delta_{ik}n_j + \delta_{jk}n_i) + \right.$$

$$\left. r_{,i}r_{,k}n_j + r_{,j}r_{,k}n_i - 4\varphi\delta_{ij}\left(\varphi n_k + n_k - \frac{\partial r}{\partial n}r_{,k}\right)\right]$$

$$A_{ijk}^0 = \mu^2\left[-4\varphi r_{,i}r_{,j}n_k - \frac{\partial r}{\partial n}(\delta_{ik}r_{,j} + \delta_{jk}r_{,i}) - \right.$$

$$\left. r_{,i}r_{,k}n_j - r_{,j}r_{,k}n_i - 4\varphi\delta_{ij}\left(\varphi n_k + \frac{\partial r}{\partial n}r_{,k}\right)\right]$$

$$B_{ijk} = \frac{4\mu^2}{r^4}\left[4\frac{\partial r}{\partial n}(6r_{,i}r_{,j}r_{,k} - \delta_{ij}r_{,k} - \delta_{jk}r_{,i} - \delta_{ik}r_{,j}) + \right.$$

$$\left. (\delta_{ij}n_k + \delta_{jk}n_i + \delta_{ik}n_j) - 4(r_{,i}r_{,j}n_k + r_{,i}r_{,k}n_j + r_{,j}r_{,k}n_i)\right]$$

$$B_{ijk}^0 = \frac{2\mu^2}{r^3}\left[\frac{\partial r}{\partial n}(\delta_{jk}r_{,i} + \delta_{ik}r_{,j} - 8r_{,i}r_{,j}r_{,k}) + \right.$$

$$\left. 2r_{,i}r_{,j}n_k + r_{,i}r_{,k}n_j + r_{,j}r_{,k}n_i + 2\varphi\delta_{ij}\left(n_k - 2\frac{\partial r}{\partial n}r_{,k}\right)\right]$$

$$D_{ijk} = \frac{2\mu^2}{r}\left[2\varphi n_k(\delta_{ij} - r_{,i}r_{,j}) + r_{,i}r_{,k}n_j + r_{,j}r_{,k}n_i + \right.$$

$$\left. \frac{\partial r}{\partial n}(-6r_{,i}r_{,j}r_{,k} + 2\delta_{ij}r_{,k} + \delta_{jk}r_{,i} + \delta_{ik}r_{,j}) + 2\varphi\delta_{ij}\left(\varphi n_k + \frac{\partial r}{\partial n}r_{,k}\right)\right]$$

$$D_{ijk}^0 = 4\mu^2\left[\varphi n_k r_{,i}r_{,j} + \frac{\partial r}{\partial n}r_{,i}r_{,j}r_{,k} + \varphi\delta_{ij}\left(\varphi n_k + \frac{\partial r}{\partial n}r_{,k}\right)\right]$$

其余变量表达式同位移边界积分方程，详见 3.1 节。

3.5.2.2 数值处理

离散单元的选取与节点位移边界积分方程相同。边界积分方程式（3-64）中位移和面力积分项就成为了离散形式，见式（3-74）。

$$\begin{cases} \displaystyle\iint_{\Gamma}\int_0^t d_{ik}^* p_k \mathrm{d}\tau\mathrm{d}\Gamma = \sum_{e=1}^{n_e}\sum_{m=1}^{M}\sum_{b=1}^{n_b} d_{ik}^{(m;e,b)} p_k^{(m;e,b)} \\[4mm] \displaystyle\iint_{\Gamma}\int_0^t s_{ik}^* u_k \mathrm{d}\tau\mathrm{d}\Gamma = \sum_{e=1}^{n_e}\sum_{m=1}^{M}\sum_{b=1}^{n_b}\sum_{a=1}^{n_a} s_{ik}^{(m,a;e,b)} u_k^{(m,a;e,b)} \end{cases} \tag{3-74}$$

式中，各单元影响系数表达式见式 (3-75)。

$$\begin{cases} \displaystyle d_{ijk}^{(m;e,b)} = \int_{\Gamma_e}\int_{t_{m-1}}^{t_m} d_{ijk}^* N_b \mathrm{d}\tau\mathrm{d}\Gamma \\[4mm] \displaystyle s_{ijk}^{(m,a;e,b)} = \int_{\Gamma_e}\int_{t_{m-1}}^{t_m} s_{ijk}^* \Psi_a^m N_b \mathrm{d}\tau\mathrm{d}\Gamma \end{cases} \tag{3-75}$$

式中 $d_{ijk}^{(m;e,b)}$ ——场点面力对源点应力影响系数；

$s_{ijk}^{(m,a;e,b)}$ ——场点位移对源点应力影响系数。

3.5.2.3 单元影响系数求解

所有单元影响系数均不具有空间奇异性，影响系数表达式可以通过将相应的核函数式 (3-72) 与式 (3-73) 代入式 (3-75) 得到。表达式如下

$$2\pi\rho c_s^2 d_{ijk}^{(m;e,a)} = 2\pi\rho c_s^2 \int_{\Gamma_{e-1}}\int_{t_{m-1}}^{t_m} d_{ijk}^* N_a \mathrm{d}\tau\mathrm{d}\Gamma$$

$$= \int_{\Gamma_e}\Bigg[(E_{ijk}a_s^m + E_{ijk}^0 f_s^m + F_{ijk}b_s^m + F_{ijk}^0 g_s^m + J_{ijk}c_s^m + J_{ijk}^0 h_s^m) - \frac{c_s^2}{c_d^2}(F_{ijk}b_d^m + F_{ijk}^0 g_d^m + J_{ijk}c_d^m + J_{ijk}^0 h_d^m) \Bigg] N_a \mathrm{d}\Gamma$$

$$\tag{3-76}$$

$$2\pi\rho c_s^2 s_{ijk}^{(m,a;e,b)} = 2\pi\rho c_s^2 \int_{\Gamma_e}\int_{t_{m-1}}^{t_m} s_{ijk}^* \Psi_a^m N_b \mathrm{d}\tau\mathrm{d}\Gamma$$

$$= \int_{\Gamma_e}\Big\{ \big[(A_{ijk} + D_{ijk})e_s^{m,a} + (A_{ijk}^0 + D_{ijk}^0)j_s^{m,a} + B_{ijk}d_s^{m,a} + B_{ijk}^0 i_s^{m,a} \big] - \frac{c_s^2}{c_d^2}\big[B_{ijk}d_d^{m,a} + B_{ijk}^0 i_d^{m,a} + D_{ijk}e_d^{m,a} + D_{ijk}^0 j_d^{m,a} \big] \Big\} N_b \mathrm{d}\Gamma$$

$$\tag{3-77}$$

式中，a_w、b_w、c_w、d_w、e_w 同 3.3.3.1 小节，其余时间积分系数表达式如下

$$f_w^m = \overline{\left| \int_{t_{m-1}}^{t_m} c_w \frac{\partial L_w}{\partial r} H_w \mathrm{d}\tau \right.}$$

$$g_w^m = \overline{\left| \int_{t_{m-1}}^{t_m} c_w \frac{\partial L_w^{-1}}{\partial r} H_w \mathrm{d}\tau \right.}$$

$$h_w^m = \overline{\left| \int_{t_{m-1}}^{t_m} c_w \frac{\partial (L_w N_w)}{\partial r} H_w \mathrm{d}\tau \right.}$$

$$i_w^{m,a} = \overline{\left| \int_{t_{m-1}}^{t_m} c_w \frac{\partial (L_w N_w)}{\partial r} \Psi_a^m H_w \mathrm{d}\tau \right.}$$

$$j_w^{m,a} = \frac{\partial e_w^{m,a}}{\partial r} = \overline{\left| \int_{t_{m-1}}^{t_m} c_w \frac{\partial (r L_w^3)}{\partial r} \Psi_a^m H_w \mathrm{d}\tau \right.}$$

式中，影响系数矩阵的波前奇异性仍采用3.3.3.1小节的处理方法，$j_w^{m,a}$ 中波前奇异性处理按下式

$$\overline{\left| \int_0^t c_w \frac{\partial (r L_w^3)}{\partial r} H_w \Psi_a^m \mathrm{d}\tau \right.} = \lim_{\tau \to t_{rw}} \left[\int_0^\tau c_w \frac{\partial (r L_w^3)}{\partial r} \Psi_a^m \mathrm{d}\tau - 2 r L_w^3 \Psi_a^m + \frac{1}{c_w} \left(L_w \frac{\partial \Psi_a^m}{\partial \tau} + \Psi_a^m \frac{\partial L_w}{\partial \tau} \right) \right]$$

$$(3-78)$$

时间积分系数分为以下四种情况求解：

（1）当 $t_{m+1} \leqslant t_{rw}$，$\tau \in [t_{m-1},\ t_m]$ 或 $[t_m,\ t_{m+1}]$ 时，$M_w \geqslant 0$，$H_w = 1$。

$$f_w^m = \left. \frac{c_w(t-\tau)}{r L_w^{-1}} \right|_{t_{m-1}}^{t_m} = \frac{1}{r} \left(\frac{A_{w8}}{A_{w3} A_{w4}} - \frac{A_{w7}}{A_{w1} A_{w2}} \right)$$

$$g_w^m = -r \ln \left[c_w(t-\tau) - L_w^{-1} \right] \big|_{\tau=t_{m-1}}^{\tau=t_m} = -r a_w^m$$

$$h_w^m = \left. \frac{r c_w(t-\tau)}{L_w^{-1}} \right|_{\tau=t_{m-1}}^{\tau=t_m} = r^2 f_w^m$$

$$i_w^{m,2} = \left. \frac{r \left[c_w^2 (t-t_{m-1})(t-\tau) - r^2 \right]}{c_w L_w^{-1} \Delta t} \right|_{\tau=t_{m-1}}^{\tau=t_m} = r^2 e_w^{m,2}$$

$$i_w^{m+1,1} = - \left. \frac{r \left[c_w^2 (t-t_{m+1})(t-\tau) - r^2 \right]}{c_w L_w^{-1} \Delta t} \right|_{\tau=t_m}^{\tau=t_{m+1}} = r^2 e_w^{m+1,1}$$

$$j_w^{m,2} = \frac{\partial e_w^{m,2}}{\partial r} = \frac{\gamma_w}{r^2} \left(\frac{A_{w7}^2}{A_{w1} A_{w2}} - \frac{A_{w7} A_{w8}}{A_{w3} A_{w4}} \right) + \frac{A_{w8}}{(A_{w3} A_{w4})^3}$$

$$j_w^{m+1,1} = \frac{\partial e_w^{m+1,1}}{\partial r} = \frac{\gamma_w}{r^2} \left(\frac{A_{w9}^2}{A_{w5} A_{w6}} - \frac{A_{w8} A_{w9}}{A_{w3} A_{w4}} \right) - \frac{A_{w8}}{(A_{w3} A_{w4})^3}$$

（2）当 $t_m \leqslant t_{rw} \leqslant t_{m+1}$，$\tau \in [t_{m-1},\ t_m] \cup [t_m,\ t_{rw}]$ 时，$M_w \geqslant 0$，$H_w = 1$；$\tau \in (t_{rw},\ t_{m+1}]$ 时，$M_w < 0$，$H_w = 0$。

$$f_w^m = \left. \frac{c_w(t-\tau)}{r L_w^{-1}} \right|_{\tau=t_{m-1}}^{\tau=t_m} = \frac{1}{r} \left(\frac{A_{w8}}{A_{w3} A_{w4}} - \frac{A_{w7}}{A_{w1} A_{w2}} \right)$$

$$g_w^m = -r a_w^m$$

$$h_w^m = r^2 f_w^m$$

$$i_w^{m,2} = r^2 e_w^{m,2}$$

$$i_w^{m+1,1} = r^2 e_w^{m+1,1}$$

$$j_w^{m,2} = \frac{\partial e_w^{m,2}}{\partial r} = \frac{\gamma_w}{r^2}\left(\frac{A_{w7}^2}{A_{w1}A_{w2}} - \frac{A_{w7}A_{w8}}{A_{w3}A_{w4}}\right) + \frac{A_{w8}}{(A_{w3}A_{w4})^3}$$

$$j_w^{m+1,1} = \frac{\partial e_w^{m+1,1}}{\partial r} = -\frac{\gamma_w}{r^2}\frac{A_{w8}A_{w9}}{A_{w3}A_{w4}} - \frac{A_{w8}}{(A_{w3}A_{w4})^3}$$

（3）当 $t_{m-1} \leqslant t_{rw} \leqslant t_m$，$\tau \in [t_{m-1}, t_{rw}]$ 时，$M_w \geqslant 0$，$H_w = 1$；$\tau \in (t_{rw}, t_m] \cup [t_m, t_{m+1}]$ 时，$M_w < 0$，$H_w = 0$。

$$f_w^m = \frac{c_w(t-\tau)}{rL_w^{-1}}\Bigg|_{\tau=t_{m-1}}^{\tau=t_{rw}} - L_w\Bigg|_{\tau=t_{rw}} = -\frac{1}{r}\frac{A_{w7}}{A_{w1}A_{w2}}$$

$$g_w^m = -ra_w^m$$

$$h_w^m = r^2 f_w^m$$

$$i_w^{m,2} = r^2 e_w^{m,2}$$

$$i_w^{m+1,1} = 0$$

$$j_w^{m,2} = \frac{\partial e_w^{m,2}}{\partial r} = \frac{\gamma_w}{r^2}\frac{A_{w7}^2}{A_{w1}A_{w2}}$$

$$j_w^{m+1,1} = 0$$

（4）当 $t_{m-1} > t_{rw}$，$\tau \in [t_{m-1}, t_m]$ 或 $[t_m, t_{m+1}]$ 时，$M_w < 0$，$H_w = 0$。

$$f_w^m = g_w^m = h_w^m = i_w^{m,2} = i_w^{m+1,1} = j_w^{m,2} = j_w^{m+1,1} = 0$$

求得各影响系数表达式以及时间积分后，采用 Gauss 积分法计算各元素，详见式（3-29）。

3.5.2.4 单元影响系数矩阵的形成

A 对时间单元的组装

同样，面力影响系数在每一时间单元上为常量，不需要对时间单元组装。组装原则同 3.4.1.1 小节。对时间单元的组装可采用以下数学表达式描述

$$s_{ijk}^{(m;e,a)} = \begin{cases} s_{ijk}^{(m+1,1;e,a)} + s_{ijk}^{(m,2;e,a)} & m = 1, 2, 3, \cdots, M-1 \\ s_{ijk}^{(m,2;e,a)} & m = M \end{cases} \tag{3-79}$$

式中 $s_{ijk}^{(m;e,a)}$ ——时间上组装后位移对源点应力的影响系数。

组装后可以得到源点 P 的单点边界积分方程对时间进行组装后的矩阵形式如下

$$\{\sigma_P\}^M = \sum_{e=1}^{n_e}\left(-[s]^{MM,e}\{u\}^{M,e} + [d]^{MM,e}\{p\}^{M,e}\right) + \{b\}^{M,e} \tag{3-80}$$

其中

$$\{ b \}^{M,e} = \sum_{m=0}^{M-1} \sum_{e=1}^{n_e} \left(- [s]^{Mm,e} \{ u \}^{m,e} + [d]^{Mm,e} \{ p \}^{m,e} \right) \tag{3-81}$$

单元影响系数矩阵表示如下

$$[s]^{Mm,e} \{ u \}^{m,e} = \begin{bmatrix} s_{111}^{(m;e,1)} & s_{112}^{(m;e,1)} & s_{111}^{(m;e,2)} & s_{112}^{(m;e,2)} \\ s_{121}^{(m;e,1)} & s_{122}^{(m;e,1)} & s_{121}^{(m;e,2)} & s_{122}^{(m;e,2)} \\ s_{221}^{(m;e,1)} & s_{222}^{(m;e,1)} & s_{221}^{(m;e,2)} & s_{222}^{(m;e,2)} \end{bmatrix} \begin{Bmatrix} u_1^{(m;e,1)} \\ u_2^{(m;e,1)} \\ u_1^{(m;e,2)} \\ u_2^{(m;e,2)} \end{Bmatrix} \tag{3-82}$$

$$[d]^{Mm,e} \{ p \}^{m,e} = \begin{bmatrix} d_{111}^{(m;e,1)} & d_{112}^{(m;e,1)} & d_{111}^{(m;e,2)} & d_{112}^{(m;e,2)} \\ d_{121}^{(m;e,1)} & d_{122}^{(m;e,1)} & d_{121}^{(m;e,2)} & d_{122}^{(m;e,2)} \\ d_{221}^{(m;e,1)} & d_{222}^{(m;e,1)} & d_{221}^{(m;e,2)} & d_{222}^{(m;e,2)} \end{bmatrix} \begin{Bmatrix} p_1^{(m;e,1)} \\ p_2^{(m;e,1)} \\ p_1^{(m;e,2)} \\ p_2^{(m;e,2)} \end{Bmatrix} \tag{3-83}$$

B 对空间单元的组装

单连通域的组装可以采用如下关系式

$$d_{ijk}^{(m;e)} = \begin{cases} d_{ijk}^{(m;N_e,2)} + d_{ijk}^{(m;e,1)} & e = 1 \\ d_{ijk}^{(m;e-1,2)} + d_{ijk}^{(m;e,1)} & e = 2, 3, \cdots, n_e \end{cases} \tag{3-84}$$

$$s_{ijk}^{(m;e)} = \begin{cases} s_{ijk}^{(m;N_e,2)} + s_{ijk}^{(m;e,1)} & e = 1 \\ s_{ijk}^{(m;e-1,2)} + s_{ijk}^{(m;e,1)} & e = 2, 3, \cdots, n_e \end{cases} \tag{3-85}$$

对于多连通域的组装难以采用代数形式表达,但原理是相同的。对时间和空间组装后产生的单点矩阵代数方程组为

$$\{ \sigma_P \}^M = \sum_{m=0}^{M} \left(- [S]^{Mm} \{ u \}^m + [D]^{Mm} \{ p \}^m \right) \tag{3-86}$$

当边界点所有未知量(包括边界点面力和位移)都解出之后,将其直接代入式(3-86)即可得到所需源点 P 的应力。

本节在边界点所有未知量解出的基础上进行非节点位移和应力的计算,非节点位移和应力的边界积分方程中仅存在波前奇异性,按照 3.3 节的奇异性处理方法进行处理,将得到的影响系数进行组装,得到代数方程组,直接计算非节点位移和应力。

3.6 计算简例

这部分给出三个计算简例,分别是一维杆承受端部突加均布荷载、两端固结

深梁上表面承受突加均布荷载、含孔洞的无限大域承受爆破双指数径向均布荷载。材料参数取值如下：密度 $\rho = 7.9 \times 10^{3} \mathrm{kg/m^{3}}$，弹性模量 $E = 2.1 \times 10^{11} \mathrm{Pa}$，泊松比的取值详见各简例。

3.6.1　一维杆

一维杆计算简图如图3-9所示，$a = 2\mathrm{m}$，对 A（a，$a/4$）、B（$a/2$，$a/4$）、C（0，$a/4$）三点进行了计算；突加荷载 $p(t) = 200\mathrm{MPa}$，$t \geqslant 0$，如图3-10所示。材料泊松比采用 $\nu = 0$，P 波波速可以计算得到，$c_d = 5156\mathrm{m/s}$。边界元模型如图3-11所示，边界采用了48个线性单元离散，产生了48个边界结点，时间步长采用 $2 \times 10^{-5}\mathrm{s}$。计算结果与解析解[5]进行了对比。计算了三个周期的瞬态响应，A、B、C 三点的计算结果如图3-12所示。

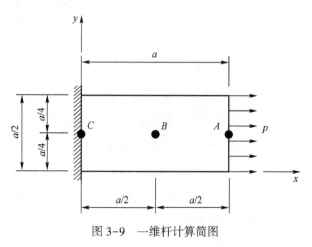

图 3-9　一维杆计算简图

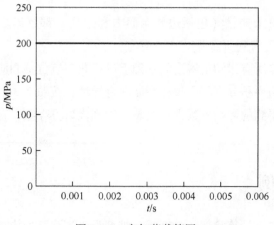

图 3-10　突加荷载简图

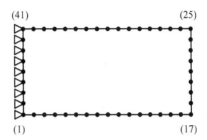

图 3-11　边界元模型

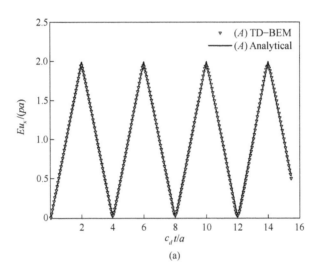

(a)

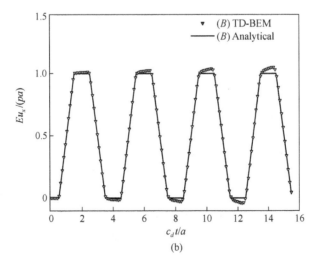

(b)

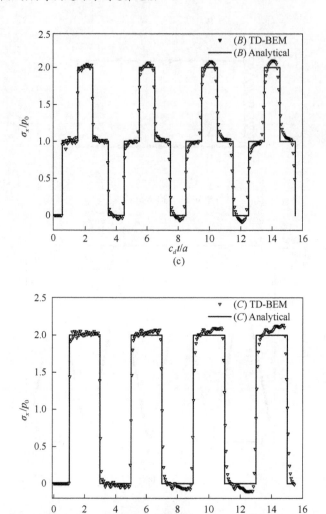

图 3-12　TD-BEM 弹性计算结果与解析解

（a）A 点 x 向位移；（b）B 点 x 向位移；（c）B 点 x 向应力；（d）C 点 x 向应力

3.6.2　两端固结梁

两端固结梁计算简图如图 3-13 所示，$a=2\mathrm{m}$，对 D（a，0）点进行了计算；突加荷载 $p(t)=200\mathrm{MPa}$，$t\geqslant 0$，如图 3-10 所示。材料泊松比采用 $\nu=0.3$，P 波波速可以计算得到，$c_d=5982\mathrm{m/s}$。边界元模型采用了半结构，网格及约束如图 3-14 所示。边界元与有限元的网格离散及时间步长的选取同 3.6.1 节。计算了两个周期的瞬态响应，D 点的计算结果如图 3-15 所示。

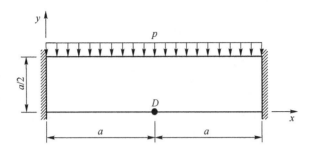

图 3-13　两端固结梁计算简图

图 3-14　边界元模型

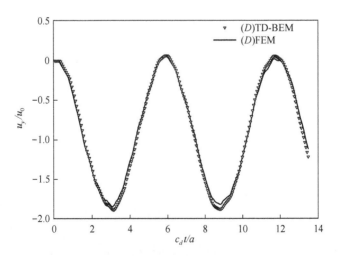

图 3-15　D 点 y 向位移的 TD-BEM 与 FEM 弹性计算结果

u_0—弹性静力解

3.6.3 无限域孔洞

无限域孔洞计算简图如图 3-16 所示，$r_0 = 1\text{m}$，沿孔洞作用均布径向爆破双指数荷载，荷载 $p(t) = kp_0(e^{-mt} - e^{-nt})$（其中 $k = 1.435$，$m = 1279$，$n = 12792$，$p_0 = 300\text{MPa}$），时程曲线如图 3-17 所示。材料泊松比采用 $\nu = 0.3$，P 波波速可以计算得到，$c_d = 5982\text{m/s}$。边界元模型如图 3-18 所示，孔洞内边界采用了 40 个线性边界单元离散，时间步长采用 2.5×10^{-5} s。计算了 $r = 2\text{m}$ 和 $r = 8\text{m}$ 处点的时域边界元法计算结果和解析解[6]分别如图 3-19 和图 3-20 所示。

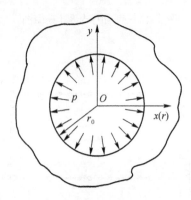

图 3-16　无限域孔洞计算简图

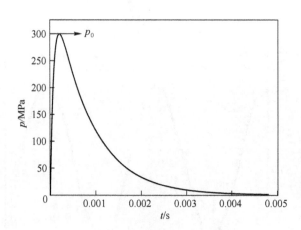

图 3-17　爆破双指数荷载时程曲线

三个简例分别是一维、二维问题及有限域、无限域问题，具有代表性，结果表明时域边界元法稳定性好、精度高，适用于具有各种边界条件的弹性动力学平面问题。

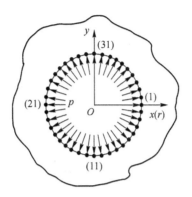

图 3-18 无限域孔洞问题边界元模型

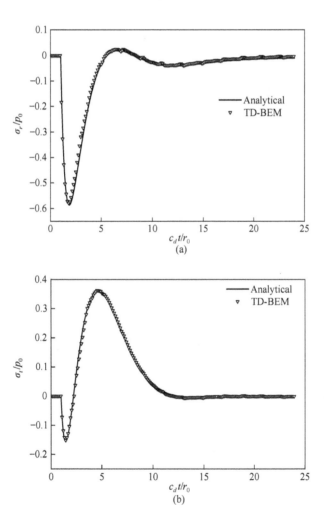

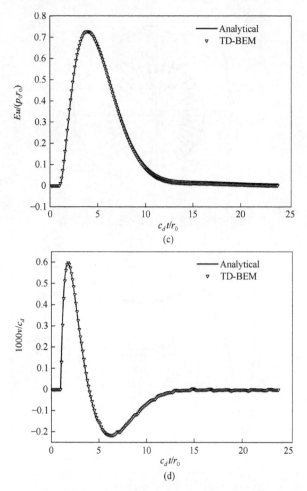

图 3-19　$r=2\text{m}$ 处点 TD-BEM 与 FEM 弹塑性计算结果

(a) 径向应力；(b) 环向应力；(c) 径向位移；(d) 径向速度

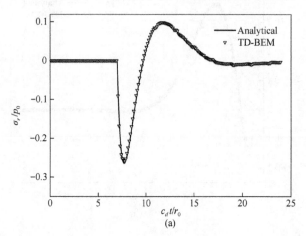

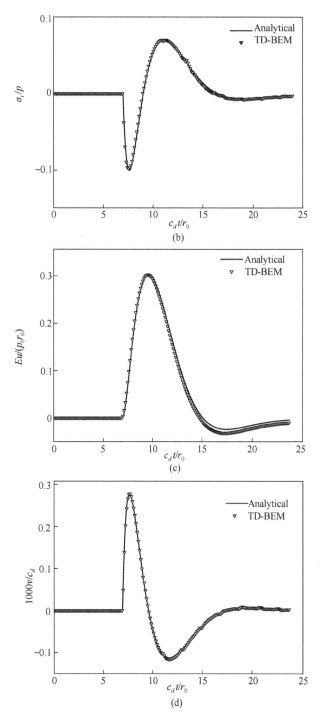

图 3-20 $r=8\mathrm{m}$ 处点 TD-BEM 与 FEM 弹塑性计算结果

（a）径向应力；（b）环向应力；（c）径向位移；（d）径向速度

参考文献

[1] 姜弘道. 弹性力学问题的边界元法 ［M］. 北京：中国水利水电出版社，2008：103-105.

[2] MANSUR W J. A time-stepping technique to solve wave propagation problems using the boundary element method ［D］. university of southampton, 1983.

[3] BREBBIA C A, TELLES J, WROBEL L C. Boundary element techniques, theory and applications in engineering ［M］. Berlin and New York：Springer-Verlag, 1984.

[4] HADAMARD J. Lectures on Cauchy's problem in linear partial differential equations ［M］. New York：Dover Publications, 1952：119-143.

[5] BECKENBACH E. Modern Mathematics For The Engineer ［M］. New York, Toronto and London：Mcgraw-Hill Book Company, Inc, 1961：82-84.

[6] CHOU P C, KOENIG H A. A unified approach to cylindrical and spherical elastic waves by method of characteristics ［J］. Journal of Applied Mechanics, 1966, 33 (1)：159-167.

4　弹塑性动力学问题的时域边界元法

弹塑性动力学 TD-BEM 中的位移边界积分方程可以用初应力法和初应变法建立，且二者是等价的[1]。在用初应变法进行弹塑性动力学分析的 TD-BEM 中[2]，在位移和应力边界方程数值离散的基础上，将其转化为代数方程组，通过六个影响系数矩阵 H、S、G、D、Q 和 F 计算位移、应力和塑性应变。弹塑性动力学公式中的位移影响系数矩阵 H 和 S 以及面力影响系数矩阵 G 和 D 与弹性动力公式中的相同。因此，与弹性动力学 TD-BEM 公式相比，弹塑性动力学 TD-BEM 分析公式中增加了两个塑性应变影响系数矩阵 Q 和 F。

奇异性的处理是 TD-BEM 中至关重要的问题。奇异性的类型有以下三种：波前奇异性、空间奇异性和双重奇异性。矩阵 F 存在强奇异性。基于初应力法的奇异性处理方面也有相关研究，文献 [3] 提出了用初应力扩展法（Initial Stress Expansion Technique）处理动态弹塑性分析中矩阵奇异性的方法；在静力弹塑性分析中，常应变场法（Method of The Constant Strain Fields）被用来处理矩阵 F 的奇异性[1, 4]。正如 Banerjee 等[3]和 Telles[1,4]得出的结论，这两种处理奇异性的方法需要对全域进行离散。全域离散化不仅使 TD-BEM 丧失了其固有优势，也破坏了 TD-BEM 公式的适合无限域问题的优点。

值得注意的是，在弹塑性动力学 TD-BEM 中，由于塑性应变的存在，受力体不能视为刚体，基于弹性静力学概念的刚体位移法不适用于塑性应变影响系数矩阵 Q 和 F 的奇异性处理。在后续章节中，作者针对矩阵 Q 和 F 在时间和空间上的奇异性，运用 Hadamard 主值积分（感兴趣的读者可以参考文献 [5] 了解更多关于 Hadamard 主值积分的相关内容）求解奇异积分的有限部分[6]。该方法对奇异性的处理是完全解析的，这一点是与刚体位移法、初应力扩展法和常应变场法不同的，该方法使离散仅限于边界和塑性区，保持了 TD-BEM 的优势。

4.1　边界积分方程的建立

4.1.1　位移边界积分方程

建立边界积分方程有很多方法，此处采用最易理解，推导也较简单的方法，即根据 Betti 互易定理推得。图 4-1 为 Graffi 互易定理需要用到的两种状态。

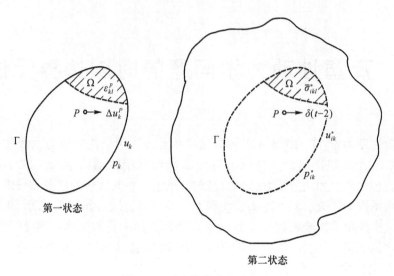

图 4-1　受力物体的两种状态

第一状态为弹性位移状态，第二状态为弹性力状态，在 τ 时刻对两种状态应用 Betti 互易定理可以得到式（4-1），$\Delta u_i(P,\ t)$ 为 τ 时刻单位脉冲引起的 P 点 t 时刻位移增量。当 τ 从 0 变化到 t 时就可得到位移边界积分方程（4-2）。

$$c_{ik}\Delta u_i(P,\ t) = -\int_{\Gamma} p_{ik}^*(P,\ \tau;\ Q,\ t)u_k(Q,\ \tau)\mathrm{d}\Gamma +$$

$$\int_{\Gamma} u_{ik}^*(P,\ \tau;\ Q,\ t)p_k(Q,\ \tau)\mathrm{d}\Gamma -$$

$$\int_{\Omega} \bar{\sigma}_{ikl}^*(P,\ \tau;\ R,\ t)\varepsilon_{kl}^p(Q,\ \tau)\mathrm{d}\Omega \qquad (4\text{-}1)$$

$$c_{ik}u_i(P,\ t) = -\int_{\Gamma}\int_0^t p_{ik}^*(P,\ \tau;\ Q,\ t)u_k(Q,\ \tau)\mathrm{d}\tau\mathrm{d}\Gamma +$$

$$\int_{\Gamma}\int_0^t u_{ik}^*(P,\ \tau;\ Q,\ t)p_k(Q,\ \tau)\mathrm{d}\tau\mathrm{d}\Gamma +$$

$$\int_{\Omega}\int_0^t \bar{\sigma}_{ikl}^*(P,\ \tau;\ R,\ t)\varepsilon_{kl}^p(Q,\ \tau)\mathrm{d}\tau\mathrm{d}\Omega \qquad (4\text{-}2)$$

式（4-2）中系数 c_{ik} 及前两项积分表达式详见 3.1 节。等效应力基本解 $\bar{\sigma}_{ikl}^*$ 将在下文进一步确定。通过回顾弹性理论，应力基本解 σ_{ikl}^* 表示由于 τ 时刻在源点 P 处 i 方向施加的单位脉冲，引起过场点 R 点且以 n_l 为法向量的平面内 k 方向 t 时刻的应力分量。因此，对于同一平面，在场点 R 处的 k 方向面力和应力相等，即

$$\sigma_{ikl}^*(P,\ \tau;\ R,\ t) = \left[p_{ik}^*(P,\ \tau;\ R,\ t)\right]_{n_w = \delta_{lw}} w = 1,\ 2 \qquad (4\text{-}3)$$

σ_{ikl}^* 可以表示为

$$\sigma_{ikl}^*(P, \tau; Q, t) = \frac{1}{2\pi\rho c_s}\left\{ A_{ikl}\left(rL_s^3 H_s + L_s\frac{\partial H_s}{\partial(c_s\tau)}\right) + B_{ikl}L_s N_s H_s + \right.$$

$$\frac{D_{ikl}}{r^2}\left(r^3 L_s^3 H_s + L_s N_s\frac{\partial H_s}{\partial(c_s\tau)}\right) -$$

$$\left. \frac{c_s}{c_d}\left[B_{ikl}L_d N_d H_d + \frac{D_{ikl}}{r^2}\left(r^3 L_d^3 H_d + L_d N_d\frac{\partial H_d}{\partial(c_d\tau)}\right)\right]\right\}$$

$$(4-4)$$

通过比较式（4-4）与式（2-53b），可以看出 σ_{ikl}^* 与 p_{ik}^* 具有相同的形式，只需将 p_{ik}^* 中的下角标 ik 替换为 ikl 即可得到 σ_{ikl}^*。然而，等效应力基本解 $\bar{\sigma}_{ikl}^*$ 与应力基本解 σ_{ikl}^* 不同。对于平面应变问题，应力基本解平面外方向分量不为零，根据弹性理论，可以得到

$$\sigma_{i33}^* = \nu\sigma_{imm}^*$$

$$= \frac{1}{2\pi\rho c_s}\left\{ \Delta A_{imm}\left(rL_s^3 H_s + L_s\frac{\partial H_s}{\partial(c_s\tau)}\right) + \frac{\Delta D_{imm}}{r^2}\left(r^3 L_s^3 H_s + L_s N_s\frac{\partial H_s}{\partial(c_s\tau)}\right) - \right.$$

$$\left. \frac{c_s}{c_d}\frac{\Delta D_{imm}}{r^2}\left(r^3 L_d^3 H_d + L_d N_d\frac{\partial H_d}{\partial(c_s\tau)}\right)\right\}$$

$$(4-5)$$

式中，$\Delta A_{imm} = -\Delta D_{imm} = 2\nu\mu(2\varphi + 1)r_{,i}$ $m = 1,\ 2$。

根据体积弹性定律，有

$$e^p = \varepsilon_{11}^p + \varepsilon_{22}^p + \varepsilon_{33}^p = 0 \qquad (4-6)$$

平面外塑性应变可以采用平面内塑性应变表示如下

$$\varepsilon_{33}^p = -(\varepsilon_{11}^p + \varepsilon_{22}^p) = -\varepsilon_{kl}^p\delta_{kl} \qquad (4-7)$$

很明显，即使是平面应变问题，平面外塑性应变也不为零。因此，平面外方向的应力可能产生虚功，平面应变问题的边界积分方程中应考虑虚功的影响。平面外方向上的应力虚功可等效转换到平面内

$$w_3 = -\sigma_{i33}^*\varepsilon_{kl}^p\delta_{kl} \qquad (4-8)$$

因此，边界积分方程（4-2）中第三项积分的被积函数可进行如下变形

$$\sigma_{ikl}^*\varepsilon_{kl}^p + \sigma_{i33}^*\varepsilon_{33}^p = \sigma_{ikl}^*\varepsilon_{kl}^p - \sigma_{i33}^*\varepsilon_{kl}^p\delta_{kl} = (\sigma_{ikl}^* - \sigma_{i33}^*\delta_{kl})\varepsilon_{kl}^p = \bar{\sigma}_{ikl}^*\varepsilon_{kl}^p \qquad (4-9)$$

式中，$\bar{\sigma}_{ikl}^*$ 为等效应力基本解，表达式如下

$$\overline{\sigma}_{ikl}^{*} = \sigma_{ikl}^{*} - \sigma_{i33}^{*}\delta_{kl}$$

$$= \frac{1}{2\pi\rho c_s}\left\{\overline{A}_{ikl}\left(rL_s^3 H_s + L_s\frac{\partial H_s}{\partial(c_s\tau)}\right) + \overline{B}_{ikl}L_s N_s H_s + \frac{\overline{D}_{ikl}}{r^2}\left(r^3 L_s^3 H_s + L_s N_s\frac{\partial H_s}{\partial(c_s\tau)}\right) - \right.$$

$$\left.\frac{c_s}{c_d}\left[\overline{B}_{ikl}L_d N_d H_d + \frac{\overline{D}_{ikl}}{r^2}\left(r^3 L_d^3 H_d + L_d N_d\frac{\partial H_d}{\partial(c_d\tau)}\right)\right]\right\}$$

$$(4-10)$$

边界积分方程式（4-2）中第三项积分，可以表达如下

$$\int_\Omega\int_0^t\overline{\sigma}_{ikl}^{*}\varepsilon_{kl}^p\mathrm{d}\tau\mathrm{d}\Omega = \frac{1}{2\pi\rho c_s}\int_\Omega\left[(\overline{A}_{ikl} + \overline{D}_{ikl})\overline{\int_0^t rL_s^3\varepsilon_{kl}^p H_s\mathrm{d}\tau} + \overline{B}_{ikl}\int_0^t L_s N_s\varepsilon_{kl}^p H_s\mathrm{d}\tau - \right.$$

$$\left.\frac{c_s}{c_d}\left(\overline{B}_{ikl}\int_0^t L_d N_d\varepsilon_{kl}^p H_d\mathrm{d}\tau + \overline{D}_{ikl}\overline{\int_0^t rL_d^3\varepsilon_{kl}^p H_d\mathrm{d}\tau}\right)\right]\mathrm{d}\Omega$$

$$(4-11)$$

以上基本解中只与空间坐标相关的系数表达式如下

$$\begin{cases} A_{ikl} = \mu(\delta_{ik}r_{,l} + r_{,k}\delta_{il}) \\ B_{ikl} = -\dfrac{2\mu}{r^3}(\delta_{ik}r_{,l} + r_{,i}\delta_{kl} + r_{,k}\delta_{il} - 4r_{,i}r_{,k}r_{,l}) \\ D_{ikl} = -2\mu r_{,i}r_{,k}r_{,l} \end{cases} \qquad (4-12)$$

到目前为止，式（4-2）中三项积分均已确定，其中奇异积分项采用了 Hadamard 主值积分表示。

4.1.2 应力边界积分方程

对于弹塑性动力学问题，未知变量不能由位移边界积分方程独立求解。在求解未知变量的过程中，必须建立内点的应力边界积分方程。

根据弹塑性本构关系、几何方程和位移边界积分方程，应力边界积分方程表示为

$$\sigma_{ij}(P,\ t) = -\int_\Gamma\int_0^t s_{ijk}^{*}(P,\ \tau;\ Q,\ t)u_k(Q,\ \tau)\mathrm{d}\tau\mathrm{d}\Gamma +$$

$$\int_\Gamma\int_0^t d_{ijk}^{*}(P,\ \tau;\ Q,\ t)p_k(Q,\ \tau)\mathrm{d}\tau\mathrm{d}\Gamma +$$

$$\int_\Omega\int_0^t\overline{\sigma}_{ijkl}^{*}(P,\ \tau;\ R,\ t)\varepsilon_{kl}^p(R,\ \tau)\mathrm{d}\tau\mathrm{d}\Omega - \sigma_{ij}^p(P,\ t)$$

$$= \frac{1}{2\pi\rho c_s^2}(D_{sd}^p - S_{sd}^u + \Sigma_{sd}^\varepsilon) + f_{ij}^P \qquad (4-13)$$

上式中，前两项积分详见 3.5.2 节，$\overline{\sigma}_{ijkl}^{*} = \lambda\delta_{ij}\overline{\sigma}_{mkl,\ m}^{*} + \mu(\overline{\sigma}_{ikl,\ j}^{*} + \overline{\sigma}_{jkl,\ i}^{*})$，弹塑性应变积分项 Σ_{sd}^ε 与自由项 f_{ij}^P 可分别表示如下

$$\Sigma_{sd}^{\varepsilon} = \int_{\Omega} \left\{ (A_{ijkl} + D_{ijkl}) \overline{\int_0^t c_s r L_s^3 \varepsilon_{kl}^p H_s \mathrm{d}\tau} + (A_{ijkl}^0 + D_{ijkl}^0) \overline{\int_0^t c_s \frac{\partial (r L_s^3)}{\partial r} \varepsilon_{kl}^p H_s \mathrm{d}\tau} + \right.$$

$$B_{ijkl} \int_0^t c_s L_s N_s \varepsilon_{kl}^p H_s \mathrm{d}\tau + B_{ijkl}^0 \overline{\int_0^t c_s \frac{\partial (L_s N_s)}{\partial r} \varepsilon_{kl}^p H_s \mathrm{d}\tau} -$$

$$\frac{c_s^2}{c_d^2} \left[B_{ijkl} \int_0^t c_d L_d N_d \varepsilon_{kl}^p H_d \mathrm{d}\tau + B_{ijkl}^0 \overline{\int_0^t c_d \frac{\partial (L_d N_d)}{\partial r} \varepsilon_{kl}^p H_d \mathrm{d}\tau} + \right.$$

$$\left. \left. D_{ijkl} \int_0^t c_d r L_d^3 \varepsilon_{kl}^p H_d \mathrm{d}\tau + D_{ijkl}^0 \frac{\partial}{\partial r} \overline{\int_0^t c_d r L_d^3 \varepsilon_{kl}^p H_d \mathrm{d}\tau} \right] \right\} \mathrm{d}\Omega \tag{4-14}$$

$$f_{ij}^P = -\frac{\mu}{4(1-\nu)} \left[(1 - 4\nu)\delta_{ij}\varepsilon_{mm}^p + 2\varepsilon_{ij}^p \right] \tag{4-15}$$

式（4-13）中与空间坐标相关的参数表示如下

$$\begin{cases} A_{ijkl} = \frac{\mu^2}{r} \left[\delta_{ik} r_{,j} r_{,l} + \delta_{jk} r_{,i} r_{,l} + \delta_{jl} r_{,i} r_{,k} + \delta_{il} r_{,j} r_{,k} + \right. \\ \qquad \left. 4\varphi \delta_{ij} (r_{,k} r_{,l} - \delta_{kl}) - 2(\delta_{ik}\delta_{jl} + \delta_{jk}\delta_{il}) \right] \\ A_{ijkl}^0 = \mu^2 \left[-4\varphi \delta_{ij} r_{,l} r_{,k} - \delta_{ik} r_{,j} r_{,l} - \delta_{jk} r_{,i} r_{,l} - \right. \\ \qquad \left. r_{,l} r_{,k} \delta_{jl} - r_{,j} r_{,k} \delta_{il} \right] \end{cases} \tag{4-16}$$

$$\begin{cases} B_{ijkl} = \frac{4\mu^2}{r^4} \left[(\delta_{ij}\delta_{kl} + \delta_{jk}\delta_{il} + \delta_{ik}\delta_{jl}) + 24 r_{,i} r_{,j} r_{,k} r_{,l} - \right. \\ \qquad 4(\delta_{ij} r_{,k} r_{,l} + \delta_{jk} r_{,i} r_{,l} + \delta_{ik} r_{,j} r_{,l} + \delta_{kl} r_{,i} r_{,j} + \\ \qquad \left. \delta_{jl} r_{,i} r_{,k} + \delta_{il} r_{,j} r_{,k}) \right] \\ B_{ijkl}^0 = \frac{2\mu^2}{r^3} \left[\delta_{jk} r_{,i} r_{,l} + \delta_{ik} r_{,j} r_{,l} + 2\delta_{kl} r_{,i} r_{,j} + \delta_{jl} r_{,i} r_{,k} + \right. \\ \qquad \left. \delta_{il} r_{,j} r_{,k} - 8 r_{,i} r_{,j} r_{,k} r_{,l} + 2\varphi \delta_{ij} (\delta_{kl} - 2 r_{,k} r_{,l}) \right] \end{cases} \tag{4-17}$$

$$\begin{cases} D_{ijkl} = \frac{2\mu^2}{r} \left[\delta_{jl} r_{,i} r_{,k} + \delta_{il} r_{,j} r_{,k} + \delta_{jk} r_{,i} r_{,l} + \delta_{ik} r_{,j} r_{,l} + \right. \\ \qquad \left. 2(\varphi + 1)\delta_{ij} r_{,k} r_{,l} - 6 r_{,i} r_{,j} r_{,k} r_{,l} \right] \\ D_{ijkl}^0 = 4\mu^2 \left[\varphi \delta_{ij} r_{,k} r_{,l} + r_{,i} r_{,j} r_{,k} r_{,l} \right] \end{cases} \tag{4-18}$$

到目前为止，基于时域边界元法处理弹塑性动力学问题的初应变法基本方程已全部由式（4-13）~式（4-18）给出，式中出现的符号均可参考第2章相关内容。

4.1.3 边界点应力计算公式

按照常规思考，源点应遍历可疑塑性区的每一个节点，对于某些靠近边界的内部单元存在与边界节点重合的节点。当源点到达这些连接内部单元的边界节点时，就会产生强烈奇异性，无法采用源点位于内点时消除奇异性的方法。此时，应转变思路进行求解，对此做另一种处理。假定边界点位移、面力以及塑性应变都是已知的，则在边界点处，根据胡克定律和边界条件能够直接得到边界点的应力计算公式。对于与内部单元相连的边界上任一点处根据广义胡克定律有

$$\sigma_{ij} = \mu(u_{i,j} + u_{j,i}) + \lambda\delta_{ij}u_{m,m} - \sigma_{ij}^p \qquad (4\text{-}19)$$

式中，$\sigma_{ij}^p = 2\mu\varepsilon_{ij}^p + \lambda\delta_{ij}\varepsilon_{mm}^p$。

上式写成矩阵形式为

$$\{\sigma\} = [C]\{u'\} - \{\sigma^p\} \qquad (4\text{-}20)$$

式中

$$\{\sigma\} = \begin{Bmatrix} \sigma_{11}^{(m;e,b)} \\ \sigma_{12}^{(m;e,b)} \\ \sigma_{22}^{(m;e,b)} \end{Bmatrix} \quad \{\sigma^p\} = \begin{Bmatrix} \sigma_{11}^{p(m;e,b)} \\ \sigma_{12}^{p(m;e,b)} \\ \sigma_{22}^{p(m;e,b)} \end{Bmatrix} \quad \{u'\} = \begin{Bmatrix} u_{1,1}^{(m;e,b)} \\ u_{1,2}^{(m;e,b)} \\ u_{2,1}^{(m;e,b)} \\ u_{2,2}^{(m;e,b)} \end{Bmatrix}$$

$$[C] = \begin{bmatrix} 2\mu+\lambda & 0 & 0 & \lambda \\ 0 & \mu & \mu & 0 \\ \lambda & 0 & 0 & 2\mu+\lambda \end{bmatrix}$$

然而，上式中 $\{\sigma\}$、$\{\sigma^p\}$ 和 $\{u'\}$ 均未知。为得到 $\{u'\}$，根据边界条件建立如下四个方程。

面力条件

$$\mu(u_{i,j} + u_{j,i})n_j + \lambda n_i u_{m,m} = p_i + \sigma_{ij}^p n_j \quad (i = 1,\ 2) \qquad (4\text{-}21)$$

位移条件

$$u_{i,j}\frac{\partial x_j}{\partial \xi} = \frac{\partial u_i}{\partial \xi} \quad (i = 1,\ 2) \qquad (4\text{-}22)$$

在边界上 $\dfrac{\partial u_i}{\partial \xi}$ 和 p_i 可由相应边界单元的节点位移和面力来表示

$$\begin{Bmatrix} \dfrac{\partial u_1^{(m;e,b)}}{\partial \xi} \\[2mm] \dfrac{\partial u_2^{(m;e,b)}}{\partial \xi} \end{Bmatrix} = \begin{bmatrix} \dfrac{\partial N_1}{\partial \xi} & 0 & \dfrac{\partial N_2}{\partial \xi} & 0 \\[2mm] 0 & \dfrac{\partial N_1}{\partial \xi} & 0 & \dfrac{\partial N_2}{\partial \xi} \end{bmatrix} \begin{Bmatrix} u_1^{(m;e,1)} \\ u_2^{(m;e,1)} \\ u_1^{(m;e,2)} \\ u_2^{(m;e,2)} \end{Bmatrix} \qquad (4\text{-}23)$$

$$\begin{Bmatrix} \dfrac{\partial x_1}{\partial \xi} \\[2mm] \dfrac{\partial x_2}{\partial \xi} \end{Bmatrix} = \begin{bmatrix} \dfrac{\partial N_1}{\partial \xi} & 0 & \dfrac{\partial N_2}{\partial \xi} & 0 \\[2mm] 0 & \dfrac{\partial N_1}{\partial \xi} & 0 & \dfrac{\partial N_2}{\partial \xi} \end{bmatrix} \begin{Bmatrix} x_1^{(e,1)} \\ x_2^{(e,1)} \\ x_1^{(e,1)} \\ x_2^{(e,1)} \end{Bmatrix} \qquad (4\text{-}24)$$

$$\begin{Bmatrix} p_1^{(m;e,b)} \\ p_2^{(m;e,b)} \end{Bmatrix} = \begin{bmatrix} N_1 & 0 & N_2 & 0 \\ 0 & N_1 & 0 & N_2 \end{bmatrix} \begin{Bmatrix} p_1^{(m;e,1)} \\ p_2^{(m;e,1)} \\ p_1^{(m;e,2)} \\ p_2^{(m;e,2)} \end{Bmatrix} \qquad (4-25)$$

将式 (4-21) 和式 (4-22) 合并为一个代数方程组

$$[B]\{u'\} = [N]\{p\} + [N']\{u\} + [V]\{\sigma^p\} \qquad (4-26a)$$

其中

$$[B] = \begin{bmatrix} (2\mu + \lambda)n_1 & \mu n_2 & \mu n_2 & \lambda n_1 \\ \lambda n_2 & \mu n_1 & \mu n_1 & (2\mu + \lambda)n_2 \\ \dfrac{\partial x_1}{\partial \xi} & \dfrac{\partial x_2}{\partial \xi} & 0 & 0 \\ 0 & 0 & \dfrac{\partial x_1}{\partial \xi} & \dfrac{\partial x_2}{\partial \xi} \end{bmatrix}$$

$$[N] = \begin{bmatrix} N_1 & 0 & N_2 & 0 \\ 0 & N_1 & 0 & N_2 \\ 0 & 0 & 0 & 0 \\ 0 & 0 & 0 & 0 \end{bmatrix}$$

$$[N'] = \begin{bmatrix} 0 & 0 & 0 & 0 \\ 0 & 0 & 0 & 0 \\ \dfrac{\partial N_1}{\partial \xi} & 0 & \dfrac{\partial N_2}{\partial \xi} & 0 \\ 0 & \dfrac{\partial N_1}{\partial \xi} & 0 & \dfrac{\partial N_2}{\partial \xi} \end{bmatrix}$$

$$[V] = \begin{bmatrix} n_1 & n_2 & 0 \\ 0 & n_1 & n_2 \\ 0 & 0 & 0 \\ 0 & 0 & 0 \end{bmatrix}$$

可以得到 $\{u'\}$ 表达式

$$\{u'\} = [B]^{-1}[N]\{p\} + [B]^{-1}[N']\{u\} + [B]^{-1}[V]\{\sigma^p\} \qquad (4-26b)$$

根据胡克定律, 将 $\{\sigma^p\}$ 用 $\{\varepsilon^p\}$ 表达

$$\{\sigma^p\} = [C^p]\{\varepsilon^p\} \qquad (4-27)$$

其中

$$[C^p] = \begin{bmatrix} 2\mu + \lambda & 0 & \lambda \\ 0 & 2\mu & 0 \\ \lambda & 0 & 2\mu + \lambda \end{bmatrix} \quad \{\varepsilon^p\} = \begin{Bmatrix} \varepsilon_{11}^{p(m;e,b)} \\ \varepsilon_{12}^{p(m;e,b)} \\ \varepsilon_{22}^{p(m;e,b)} \end{Bmatrix}$$

若将式（4-26b）代入式（4-20），并利用式（4-27），得到 $\{\sigma\}$ 表达式

$$\{\sigma\} = -[s']^{(m;e)}\{u^{(m;e,b)}\} + [d']^{(m;e)}\{p^{(m;e,b)}\} + [f']^{(m;e)}\{\varepsilon^p\} \quad (4-28)$$

其中

$$[s']^{(m;e)} = -[C][B]^{-1}[N']$$

$$[d']^{(m;e)} = [C][B]^{-1}[N]$$

$$[f']^{(m;e)} = ([C][B]^{-1}[V] - [I])[C^p]$$

该边界点应力计算公式适用于任意边界点，当 Q 位于边界单元内部时，只需找出 Q 点所在位置在单元内的自然坐标 ξ 后代入式（4-28）即可。需要注意的是对于 Q 点为边界节点时，Q 点应力采用以 Q 点为节点的两侧边界单元计算结果平均值。边界点应力计算公式可以直接与内点应力积分方程的矩阵形式进行组装。然而，在边界点应力计算公式中多次使用了形函数，而形函数本身是一种近似代替，所以计算精度略低于内点。

本节回顾了平面问题的弹性动力学时域边界元法和弹塑性静力学边界元法，并找到了他们之间的内在联系，通过分析弹性动力学时域边界积分方程和弹塑性动力学边界积分方程，很自然导出了弹塑性动力学平面问题的时域边界积分方程。边界积分方程形式上有两个，但实际上是三类。包括边界点位移边界积分方程、内点位移边界积分方程和应力边界积分方程。每个积分方程中等效应力基本解都可以先根据面力基本解与应力和面力关系计算出应力基本解，再根据体积弹性定律得到。通过观察边界积分方程，弹性积分项是时间和空间的二重积分，弹塑性积分项是时间与空间的三重积分，比弹性项维数增加一。最后给出了边界点应力计算公式，使整个理论成为一个体系。当整个计算域未进入塑性时，塑性积分项为零，弹塑性动力学时域边界积分方程退化为弹性时域边界积分方程。

4.2 边界积分方程的数值离散

4.2.1 时-空间域内单元类型

弹塑性动力学时域边界积分方程包括对时间和空间积分，空间积分又分为对边界的积分和塑性区内的积分，因此需要进行时间、边界和塑性区域的离散。

时间与边界的离散时，选取系数 β 的要求与弹性动力学相同，而塑性区域离散时，根据经验只需要将选取系数中 l_{max} 按各域内单元边长平均值的最大值。

域内三角形单元的常量元、线性元、二次元的形函数与单元形式见表 4-1。

表 4-1 几种区域单元及其形函数

边界单元	常量元	线性元	二次元
形函数	$M_1(\xi) = 1$	$\begin{cases} M_1(\xi,\eta) = 1 - \xi - \eta \\ M_2(\xi,\eta) = \xi \\ M_3(\xi,\eta) = \eta \end{cases}$	$\begin{cases} M_1(\xi,\eta) = (1-\xi-\eta)(1-2\xi-2\eta) \\ M_2(\xi,\eta) = \xi(2\xi-1) \\ M_3(\xi,\eta) = \eta(2\eta-1) \\ M_4(\xi,\eta) = 4\xi(1-\xi-\eta) \\ M_5(\xi,\eta) = 4\xi\eta \\ M_6(\xi,\eta) = 4\eta(1-\xi-\eta) \end{cases}$
单元几何			
节点数量	1	3	6

4.2.2 时-空间域的离散

空间上的离散包括边界离散和内部可疑塑性区（三角形单元）离散。边界离散和弹性问题方法一致，并且在可疑塑性区也要进行单元离散，与此同时，边界积分方程也转化为了离散形式。部分区域离散是弹塑性问题与弹性问题另一个显著的不同点。单元划分示意如图4-2所示，本文在整个空间上的离散均采用线性元。

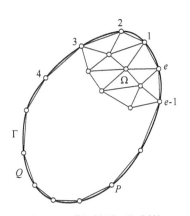

图 4-2 弹塑性平面问题的网格划分示意图

在数值离散，即将时-空间域划分为一系列时-空间单元，包括时间和空间上的离散。在时间域内，采用线性单元离散 u_k 和 ε_{kl}^p，采用常量元素来离散 p_k；在空间域，全部采用线性离散，即用直线单元离散边界，采用三角形单元离散塑性区域，如图4-2所示。对某时-空间单元内场点的塑性应变进行的时间和空间离散过程可用式（4-29）表示

$$\varepsilon_{kl}^{p(m;f)}(R,\tau) = \sum_{a=1}^{n_a}\sum_{c=1}^{n_c}\Psi_a^m(\tau)M_c(\xi,\eta)\varepsilon_{kl}^{p(m,a;f,c)} \qquad (4\text{-}29)$$

式中，n_a 和 n_c 分别表示每个时间单元和空间域内单元节点数量，$M_c(\xi,\eta)$ 为形函数，详见表4-1。时间插值函数如式（3-17）所示。

4.2.3　边界积分方程的离散

随着时间和空间的离散，边界积分方程也转化为了时-空间单元的离散形式，把离散完成的变量代入边界积分方程，则边界积分方程中位移和面力积分项就成为了离散形式，见式（4-30）。

$$\begin{cases} \iint_\Omega \int_0^t \bar{\sigma}^*_{ikl} \varepsilon^p_{kl} \mathrm{d}\tau \mathrm{d}\Omega = \sum_{f=1}^{n_f} \sum_{m=1}^{M} \sum_{c=1}^{n_c} \sum_{a=1}^{n_a} q_{ikl}^{(m,a;f,c)} \varepsilon_{kl}^{p(m,\,a;\,f,\,c)} \\ \iint_\Omega \int_0^t \bar{\sigma}^*_{ijkl} \varepsilon^p_{kl} \mathrm{d}\tau \mathrm{d}\Omega = \sum_{f=1}^{n_f} \sum_{m=1}^{M} \sum_{c=1}^{n_c} \sum_{a=1}^{n_a} \bar{f}_{ijkl}^{(m,a;f,c)} \varepsilon_{kl}^{p(m,\,a;\,f,\,c)} \end{cases} \tag{4-30}$$

式中，M 和 n_f 分别表示时间单元和区域单元个数，且

$$\begin{cases} q_{ikl}^{(m,a;f,c)} = \int_{\Omega_f} \int_{t_{m-1}}^{t_m} \bar{\sigma}^*_{ikl} \Psi^m_a M_c \mathrm{d}\tau \mathrm{d}\Omega \\ \bar{f}_{ijkl}^{(m,a;f,c)} = \int_{\Omega_f} \int_{t_{m-1}}^{t_m} \bar{\sigma}^*_{ijkl} \Psi^m_a M_c \mathrm{d}\tau \mathrm{d}\Omega \end{cases} \tag{4-31}$$

式中，$q_{ikl}^{(m,a;f,c)}$ 表示场点塑性应变对源点位移影响系数，$\bar{f}_{ijkl}^{(m,a;f,c)}$ 表示场点塑性应变对源点应力影响系数。

在离散之前讨论了各种边界元的优劣以及适应性，确定了时间步长的合理范围，根据讨论制定出了离散方案，进行了时间和空间上的离散。时间上对面力采用常量元，其余量均采用线性元。边界和可疑塑性区的离散，边界上采用一维线性单元，内部可疑塑性区采用二维线性单元。边界积分方程随着时-空单元离散，也转化为了离散形式。

4.3　基于线性元的单元系数计算

4.3.1　空间奇异单元介绍

当 P 点位于边界点时，奇异单元如图 4-3（a）所示，以 P 点为节点的边界单元具有奇异性。如当 P 点位于如图位置时，则以 P 点为节点的单元（1）、（2）和（3），为奇异单元。而内部单元如（4）为非奇异单元。然而关于内点的边界积分方程中，如图 4-3（b）所示，（1）~（6）为具有奇异性的单元。不论是边界元还是有限元，都会把单元内的作用力用节点来表示，也就是不进行区域内点的直接求值，只求节点响应值，单元内点响应在所有节点未知量后采用形函数插值计算。

4.3.2　单元影响系数的求解

对于以源点 P 为节点的单元，应变影响系数 f 具有空间奇异性，其他单元的

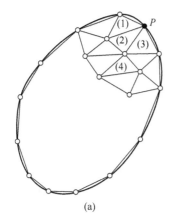 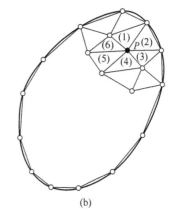

$$(a) \qquad\qquad (b)$$

图 4-3 空间奇异单元的分布情况

（a）P 为边界节点；（b）P 为区域内节点

f 不具有空间奇异性，而无论是否以源点 P 为节点的单元，应变影响系数 q 都不具有奇异性。根据是否具有空间奇异性将采用不同的计算方法。影响系数的数值处理方法同 3.3.3。

4.3.2.1 非空间奇异影响系数的计算

A 非空间奇异影响系数的形式

非空间奇异影响系数不具有空间奇异性，即 $r \neq 0$，或即使 $r = 0$，所涉及积分在 Riemann 积分意义下可积。所以子矩阵元素的表达式可以直接从边界积分方程得到，不需要进行转换。影响系数表达式可以通过将相应的基本解和核函数代入式（4-31）得到。表达式如下

$$2\pi\rho c_s^2 q_{ikl}^{(m,a;f,c)} = 2\pi\rho c_s^2 \int_{\Omega_f} \int_{t_{m-1}}^{t_m} \overline{\sigma}_{ikl}^* \Psi_a^m M_c \mathrm{d}\tau \mathrm{d}\Omega$$

$$= \int_{\Omega_f} \left[(A_{ikl} + D_{ikl}) e_s^{m,a} + B_{ikl} d_s^{m,a} - \frac{c_s^2}{c_d^2} (B_{ikl} d_d^{m,a} + D_{ikl} e_d^{m,a}) \right] M_c \mathrm{d}\Omega$$

$$(4-32)$$

$$2\pi\rho c_s^2 f_{ijkl}^{(m,a;f,c)} = 2\pi\rho c_s^2 \int_{\Omega_f} \int_{t_{m-1}}^{t_m} \overline{\sigma}_{ijkl}^* \Psi_a^m M_c \mathrm{d}\tau \mathrm{d}\Omega$$

$$= \int_{\Omega_f} \left\{ (A_{ijkl} + D_{ijkl}) e_s^{m,a} + (A_{ijkl}^0 + D_{ijkl}^0) j_s^{m,a} + B_{ijkl} d_s^{m,a} + B_{ijkl}^0 i_s^{m,a} - \right.$$

$$\left. \frac{c_s^2}{c_d^2} \left[B_{ijkl} d_d^{m,a} + B_{ijkl}^0 i_d^{m,a} + D_{ijkl} e_d^{m,a} + D_{ijkl}^0 j_d^{m,a} \right] \right\} M_c \mathrm{d}\Omega$$

$$(4-33)$$

两式中时间积分核函数同弹性动力学问题见 3.3.3.1 小节及 3.5.2.3 小节。

B 非空间奇异影响系数空间积分计算

求得各影响系数表达式以及时间积分后，采用 Gauss 积分法计算各元素，积分在自然坐标下进行。对区域单元的积分仍采用变 Gauss 积分点数量的方法进行计算，积分点数量随 d/L（d/L 用来衡量源点 P 与区域单元靠近程度，其中，d 表示源点 P 到单元重心距离，L 表示单元边长平均值 L）的减小而增加。

在时–空间积分系数求出之后，需要再对三角形域采用二维 Gauss 数值计算，积分在自然坐标下进行。场点 R 坐标按形函数插值计算

$$\begin{cases} x_1^R = \sum_{j=1}^{3} M_j x_1^{(j)} \\ x_2^R = \sum_{j=1}^{3} M_j x_2^{(j)} \end{cases} \tag{4-34}$$

由直角坐标系向自然坐标系转换的雅克比矩阵

$$J^f = \begin{bmatrix} \dfrac{\partial x_1}{\partial \xi} & \dfrac{\partial x_2}{\partial \xi} \\ \dfrac{\partial x_1}{\partial \eta} & \dfrac{\partial x_2}{\partial \eta} \end{bmatrix} = \begin{bmatrix} \dfrac{\partial M_1}{\partial \xi} & \dfrac{\partial M_2}{\partial \xi} & \dfrac{\partial M_3}{\partial \xi} \\ \dfrac{\partial M_1}{\partial \eta} & \dfrac{\partial M_2}{\partial \eta} & \dfrac{\partial M_3}{\partial \eta} \end{bmatrix} \begin{bmatrix} x_1^{(1)} & x_2^{(1)} \\ x_1^{(2)} & x_2^{(2)} \\ x_1^{(3)} & x_2^{(3)} \end{bmatrix} = \begin{bmatrix} x_1^{(21)} & x_2^{(21)} \\ x_1^{(31)} & x_2^{(31)} \end{bmatrix} \tag{4-35}$$

其中，$x_m^{(ij)} = x_m^{(i)} - x_m^{(j)}$，表示节点 i 与 j 的 m 方向坐标差。

三角形积分域向标准 Gauss 矩形积分域的转换

$$\{(\xi, \eta) \mid 0 \leqslant \xi \leqslant 1, 0 \leqslant \eta \leqslant 1 - \xi\} \Rightarrow \{(s, t) \mid -1 \leqslant s \leqslant 1, -1 \leqslant t \leqslant 1\} \tag{4-36}$$

$$\begin{cases} \xi = \dfrac{1}{2}(1 + s) \\ \eta = \dfrac{1}{4}(1 - s)(1 + t) \\ d\Omega = dxdy = |J^f| d\xi d\eta = \dfrac{1}{8}(1 - s) |J^f| dtds \end{cases} \tag{4-37}$$

积分表达式中的物理坐标可由 Gauss 积分点 s_g 和 t_h 导出

$$\begin{cases} x_m^g = \sum_{j=1}^{3} M_j^g x_m^{(j)} \\ r^g = \sqrt{(x_1^g - x_1^P)^2 + (x_2^g - x_2^P)^2} \end{cases} \tag{4-38}$$

则面单元影响系数非奇异子矩阵元素的 Gauss 积分按式（4-39）计算

$$\int_\Omega f_\Omega^m(x, y) M_c d\Omega = \sum_{h=1}^{nh} \sum_{g=1}^{ng} \frac{1}{8}(1 - s_g) |J^f| f_\Omega^m[x(s_g, t_h), y(s_g, t_h)] M_c(s_g, t_h) \omega_g \omega_h \tag{4-39}$$

至此, 所有非奇异子矩阵元素都可计算出来。

4.3.2.2 空间奇异影响系数的计算

对奇异积分先进行奇异分离, 再进行奇异性处理。

A 时-空间积分系数的形式

当源点 P 是 f 单元第一点时, 即 $P = (f, 1)$, 为了方便奇异性的处理, 建立以奇异点为原点, x 轴与整体坐标横轴平行的极坐标系, 如图 4-4 所示。相关直线在极坐标下的方程见表 4-2。

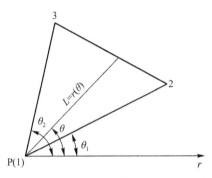

图 4-4 极坐标下 P 点和域内单元第 1 节点重合的情形

表 4-2 奇异单元在极坐标系下的直线方程

1 点为奇异点	2 点为奇异点	3 点为奇异点
23: $r(\theta) = \dfrac{x_1^{(32)} x_2^{(21)} - x_2^{(32)} x_1^{(21)}}{x_1^{(32)} \sin\theta - x_2^{(32)} \cos\theta}$	31: $r(\theta) = \dfrac{x_1^{(13)} x_2^{(32)} - x_2^{(13)} x_1^{(32)}}{x_1^{(13)} \sin\theta - x_2^{(13)} \cos\theta}$	12: $r(\theta) = \dfrac{x_1^{(21)} x_2^{(13)} - x_2^{(21)} x_1^{(13)}}{x_1^{(21)} \sin\theta - x_2^{(21)} \cos\theta}$
12: $\theta = \arctan\dfrac{x_2^{(21)}}{x_1^{(21)}}$	23: $\theta = \arctan\dfrac{x_2^{(32)}}{x_1^{(32)}}$	31: $\theta = \arctan\dfrac{x_2^{(13)}}{x_1^{(13)}}$
13: $\theta = \arctan\dfrac{x_2^{(31)}}{x_1^{(31)}}$	21: $\theta = \arctan\dfrac{x_2^{(12)}}{x_1^{(12)}}$	32: $\theta = \arctan\dfrac{x_2^{(23)}}{x_1^{(23)}}$

直角坐标向极坐标转换

$$\begin{cases} r = \sqrt{(x_1^Q - x_1^P)^2 + (x_2^Q - x_2^P)^2} \\ d\Omega = dx_1 dx_2 = r dr d\theta \\ r,_1 = \dfrac{\partial r}{\partial x_1} = \dfrac{x_1 - x_1^P}{r} = \cos\theta, \ r,_2 = \dfrac{\partial r}{\partial x_2} = \dfrac{x_2 - x_2^P}{r} = \sin\theta \\ x_1 = \sum_{c=1}^{n_c} M_c x_1^{(c)} = x_1^P + r\cos\theta, \ x_2 = \sum_{c=1}^{n_c} M_c x_2^{(c)} = x_2^P + r\sin\theta \end{cases} \tag{4-40}$$

将形函数转化到极坐标下为

$$
\begin{cases}
\xi = \dfrac{x_2^{(31)}\cos\theta + x_1^{(13)}\sin\theta}{x_1^{(21)}x_2^{(31)} - x_1^{(31)}x_2^{(21)}} r = a_1(\theta) r \\[4mm]
\eta = \dfrac{x_2^{(12)}\cos\theta + x_1^{(21)}\sin\theta}{x_1^{(21)}x_2^{(31)} - x_1^{(31)}x_2^{(21)}} r = a_2(\theta) r
\end{cases}
\tag{4-41}
$$

$$
\begin{cases}
a_1(\theta) = \dfrac{x_2^{(31)}\cos\theta + x_1^{(13)}\sin\theta}{x_1^{(21)}x_2^{(31)} - x_1^{(31)}x_2^{(21)}} \\[4mm]
a_2(\theta) = \dfrac{x_2^{(12)}\cos\theta + x_1^{(21)}\sin\theta}{x_1^{(21)}x_2^{(31)} - x_1^{(31)}x_2^{(21)}}
\end{cases}
\tag{4-42}
$$

可以看出 $a_1(\theta)$ 与 $a_2(\theta)$ 为只与 θ 有关的函数。形函数可以表示为式 (4-43)。

$$
\begin{cases}
M_1 = 1 - [a_1(\theta) + a_2(\theta)] r \\[2mm]
M_2 = a_1(\theta) r \\[2mm]
M_3 = a_2(\theta) r
\end{cases}
\tag{4-43}
$$

则相关域内积分为

$$
2\pi\rho c_s^2 q_{ikl}^{(m,a\text{f},c)} = 2\pi\rho c_s^2 \int_{\Omega_f} \int_{t_{m-1}}^{t_m} \sigma_{ikl}^* \Psi_a^m M_c \,\mathrm{d}\tau\mathrm{d}\Omega
$$

$$
= \int_{\theta_1}^{\theta_2}\int_0^{r(\theta)} \big[(A_{ikl} + D_{ikl}) e_s^{m,a} + B_{ikl} d_s^{m,a} -
$$

$$
\frac{c_s^2}{c_d^2}(B_{ikl} d_d^{m,a} + D_{ikl} e_d^{m,a}) \big] M_c r \mathrm{d}r\mathrm{d}\theta
\tag{4-44}
$$

$$
2\pi\rho c_s^2 \bar{f}_{ijkl}^{(m,a\text{f},c)} = 2\pi\rho c_s^2 \int_{\Omega_f} \int_{t_{m-1}}^{t_m} \sigma_{ijkl}^* \Psi_a^m M_c \,\mathrm{d}\tau\mathrm{d}\Omega
$$

$$
= \int_{\theta_1}^{\theta_2}\int_0^{r(\theta)} \{ (A_{ijkl} + D_{ijkl}) e_s^{m,a} + (A_{ijkl}^0 + D_{ijkl}^0) j_s^{m,a} + B_{ijkl} d_s^{m,a} + B_{ijkl}^0 i_s^{m,a} -
$$

$$
\frac{c_s^2}{c_d^2}[B_{ijkl} d_d^{m,a} + B_{ijkl}^0 i_d^{m,a} + D_{ijkl} e_d^{m,a} + D_{ijkl}^0 j_d^{m,a}] \} M_c r \mathrm{d}r\mathrm{d}\theta
\tag{4-45}
$$

根据奇异部分被积函数表达式及空间相关系数可以看出 $q_{ikl}^{(m,a\text{f},c)}$、$\bar{f}_{ijkl}^{(m,a\text{f},2)}$ 与 $\bar{f}_{ijkl}^{(m,a\text{f},3)}$ 不具有奇异性，可按照非空间奇异子矩阵元素计算方法求得；$\bar{f}_{ijkl}^{(m,a\text{f},1)}$ 具有 $\dfrac{1}{r}$ 奇异性，采用奇异分离法可以得到 $\bar{f}_{ijkl}^{(m,a\text{f},1)}$ 的非奇异部分积分 $\bar{f}n_{ijkl}^{(m,a\text{f},1)}$ 和奇异部分积分 $\bar{f}s_{ijkl}^{(m,a\text{f},1)}$，见式 (4-46) 和式 (4-47)。

$$2\pi\rho c_s^2 \bar{f} n_{ijkl}^{(m,a,f,1)}$$

$$= -\int_{\theta_1}^{\theta_2}\int_0^{r(\theta)} \{ (A_{ijkl} + D_{ijkl}) e_s^{m,a} + (A_{ijkl}^0 + D_{ijkl}^0) j_s^{m,a} + B_{ijkl} d_{sd}^{m,a} + B_{ijkl}^0 i_s^{m,a} -$$

$$\frac{c_s^2}{c_d^2}[B_{ijkl}^0 i_d^{m,a} + D_{ijkl} e_d^{m,a} + D_{ijkl}^0 j_d^{m,a}]\}[a_1(\theta) + a_2(\theta)]r^2 \mathrm{d}r\mathrm{d}\theta \qquad (4\text{-}46)$$

$$2\pi\rho c_s^2 \bar{f} s_{ijkl}^{(m,a,f,1)}$$

$$= \int_{\theta_1}^{\theta_2}\int_0^{r(\theta)} \{ (A_{ijkl} + D_{ijkl}) e_s^{m,a} + (A_{ijkl}^0 + D_{ijkl}^0) j_s^{m,a} + B_{ijkl} d_{sd}^{m,a} +$$

$$B_{ijkl}^0 i_s^{m,a} - \frac{c_s^2}{c_d^2}[B_{ijkl}^0 i_d^{m,a} + D_{ijkl} e_d^{m,a} + D_{ijkl}^0 j_d^{m,a}]\}r\mathrm{d}r\mathrm{d}\theta \qquad (4\text{-}47)$$

式中，$d_{sd}^{m,a} = d_s^{m,a} - \dfrac{c_s^2}{c_d^2}d_d^{m,a}$。

非奇异部分 $\bar{f}n_{ijkl}^{(m,a,f,1)}$ 与 $\bar{f}^{(m,a,f,2)}_{ijkl} + \bar{f}^{(m,a,f,3)}_{ijkl}$ 互为相反数，易求。$\bar{f}s_{ijkl}^{(m,a,f,1)}$ 的计算涉及奇异积分的处理，较为复杂，下面将给出求解原理和过程。当 P 点与单元的第 2 点或第 3 点重合时，只需轮换局部单元节点编号，仍按照 P 和第 1 点重合即可。但这种方法能够实施的前提是局部单元节点编号时应该按照同一个方向。本文选择都按逆时针编号，那么当 P 和第 2 点重合时，局部单元编号可以改为 $(2，3，1)$，与 P 点与第 1 点重合时节点编号的对应关系为 $(1，2，3) \leftrightarrow (2，3，1)$。这种方法只需改变局部单元编号坐标，而不需改变计算公式。

奇异性处理的原理同弹性动力学部分见 3.3.3.2 小节。

B　时-空间积分系数的求取

以一个时间单元 $\tau \in [t_1，t_2]$ 为例，说明求解积分系数的过程，积分在极坐标系下进行。积分域表示为

$$D_{\tau r} = \{(\tau，r) \mid \tau \in [t_1，t_2]，r \in [0，\min(c_w(t-\tau)，L)]\} \qquad (4\text{-}48)$$

式中，$L = r(\theta)$，$\theta \in [\theta_1，\theta_2]$，详见图 4-5。

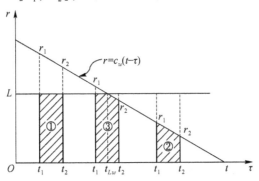

图 4-5　时-空间积分可能的三种积分域

　　分析不同时空积分范围奇异性的时-空间坐标系如图 4-5 所示，$L = r(\theta)$ 所代表的意义如图 4-4 所示，直线 $r = c_w(t - \tau)$ 表示：τ 时刻脉冲从源点 P 发出，在 t 时刻波前正好到达场点 Q，从而导致 Q 处的波前奇异性。因此，$r_{\tau w} = |PQ| = c_w(t - \tau)$ 可称作脉冲的奇异距离，$t_{Lw} = t - \dfrac{r}{c_w}$ 也可以称作场点 Q 的奇异时刻。当场点位于直线 $r = L$ 与 $r = c_w(t - \tau)$ 下方的时-空间区域时，场点 Q 属于空间奇异性单元范围，且 τ 时刻从源点 P 发出的脉冲波前将能越过场点 Q；当场点位于直线 $r = L$ 上方 $r = c_w(t - \tau)$ 下方的时-空间区域时，场点 Q 不属于奇异单元，但 τ 时刻从源点 P 发出的脉冲波前能越过场点；位于直线 $r = c_w(t - \tau)$ 上方的时-空间区域的场点，脉冲波前无法到达。根据以上分析，τ 时刻从源点 P 发出脉冲，对于不同区域的场点影响不同。而空间奇异积分系数所需要计算的区域仅为直线 $r = L$ 与 $r = c_w(t - \tau)$ 下方的时-空间区域。

　　对于空间奇异积分系数所需要计算的区域，又可分为以下三种情况：图 4-5 中①号填充区域可称作矩形时-空间积分域，表示为 $D_{\tau r} = \{(\tau, r) \mid \tau \in [t_1, t_2], r \in [0, L]\}$，由于 $r_1 > L$ 且 $r_2 \geqslant L$，脉冲波前已经越过此区域内的场点，不引起波前奇异性；图 4-5 中②号填充区域可称作梯形域，表示为 $D_{\tau r} = \{(\tau, r) \mid \tau \in [t_1, t_2], r \in [0, r_{\tau w}]\}$，由于 $r_1 \leqslant L$ 且 $r_2 < L$，脉冲波前位于②号填充区域内，产生波前奇异性；图 4-5 中③号填充区域可称作混合时-空间积分域，表示为矩形域 $D_{\tau r1} = \{(\tau, r) \mid \tau \in [t_1, t_{Lw}], r \in [0, L]\}$ 与梯形域 $D_{\tau r2} = \{(\tau, r) \mid \tau \in [t_{Lw}, t_2], r \in [0, r_{\tau w}]\}$ 两部分，由于 $r_1 > L$ 且 $r_2 < L$，位于矩形域的场点无波前奇异性，位于梯形域内的场点具有波前奇异性，两类区域以 $t_{Lw} = t - \dfrac{r}{c_w}$ 为分界。

　　按照数学的积分理论，根据积分域的特点，应采用合适的积分顺序以减小计算量，通过分析三类积分域的特点，采用先 r 后 τ 的积分顺序。因此，需要对式整理，如下

$$2\pi\rho c_s^2 f s_{ijkl}^{(m,a,f,1)}$$

$$= \int_{\theta_1}^{\theta_2} \int_{t_1}^{t_2} \left\{ (A_{ijkl} + D_{ijkl})re_s + (A_{ijkl}^0 + D_{ijkl}^0)j_s + (B_{ijkl}r^4)d_s + (B_{ijkl}^0 r^3)i_s - \right.$$
$$\left. \frac{c_s^2}{c_d^2} [(B_{ijkl}r^4)d_d + (B_{ijkl}^0 r^3)i_d + (D_{ijkl}r)e_d + D_{ijkl}^0 j_d] \right\} \Psi_a^m \, \mathrm{d}\tau\mathrm{d}\theta$$

$$= \int_{\theta_1}^{\theta_2} \left\{ (A_{ijkl} + D_{ijkl})rIe_{sa} + (A_{ijkl}^0 + D_{ijkl}^0)Ij_{sa} + (B_{ijkl}r^4)Id_{sa} + (B_{ijkl}^0 r^3)Ii_{sa} - \right.$$
$$\left. \frac{c_s^2}{c_d^2} [(B_{ijkl}r^4)Id_{da} + (B_{ijkl}^0 r^3)Ii_{da} + (D_{ijkl}r)Ie_{da} + D_{ijkl}^0 Ij_{da}] \right\} \mathrm{d}\theta$$

$$\tag{4-49}$$

其中

$$
\begin{cases}
d_w = \int_0^L \dfrac{c_w L_w N_w}{r^3} H_w \mathrm{d}r \\[4mm]
i_w = e_w = \int_0^L c_w r L_w^3 H_w \mathrm{d}r \\[4mm]
j_w = \int_0^L c_w r \dfrac{\partial(rL_w^3)}{\partial r} H_w \mathrm{d}r
\end{cases}
\tag{4-50a}
$$

$$
\begin{cases}
Id_{wa} = \int_{t_1}^{t_2} d_w \Psi_a^m \mathrm{d}\tau \\[4mm]
Ii_{wa} = Ie_{wa} = \int_{t_1}^{t_2} e_w \Psi_a^m \mathrm{d}\tau \\[4mm]
Ij_{wa} = \int_{t_1}^{t_2} j_w \Psi_a^m \mathrm{d}\tau
\end{cases}
\tag{4-50b}
$$

从 d_w 和 i_w 表达式可以看出，他们分别已经除以了 r^3 与 r^2。因此，为了解析处理 f 中存在的奇异性，只需要消除积分系数 d_w、e_w、i_w、j_w 和 Id_{wa}、Ie_{wa}、Ii_{wa}、Ij_{wa} 中的奇异性即可。d_w、e_w 与 Id_{wa}、Ie_{wa} 的相关计算参考弹性动力学 3.3.3.2。

a 先对 r 积分

对 r 积分的过程中可能会遇到空间奇异性和波前奇异性。

对于第一种积分域（矩形域），即 $r_2 \geqslant L$，所有空间积分可以计算如下

$$
i_w = e_w = \int_0^L c_w r L_w^3 \mathrm{d}r = c_w L_w \Big|_0^L = \frac{c_w}{\sqrt{c_w^2(t-\tau)^2 - L^2}} - \frac{1}{t-\tau}
$$

$$
j_w = -c_w r^2 L_w^3 \big|_{r=L} - e_w = -\frac{c_w L^2}{\left[c_w^2(t-\tau)^2 - L^2\right]^{\frac{3}{2}}} - e_w
$$

对于第二种积分域（梯形域），即 $r_1 \leqslant L$，所有空间积分可以计算如下

$$
i_w = e_w = \lim_{r \to c_w(t-\tau)} \left(\int_0^r c_w r L_w^3 \mathrm{d}r - c_w L_w \right) = -\frac{1}{t-\tau}
$$

$$
j_w = \lim_{r \to c_w(t-\tau)} \left[\int_0^r c_w r \frac{\partial(rL_w^3)}{\partial r} \mathrm{d}r - (c_w r^2 L_w^3 - c_w L_w) \right] = -e_w
$$

对于第三种积分域（混合域），即 $r_2 \leqslant L$ 且 $r_1 \geqslant L$。$\tau \in [t_1, t_{Lw})$，是矩形域，按矩形域的方法计算；$\tau \in [t_{Lw}, t_2]$，是梯形域，按梯形域的方法计算。

b 再对 τ 积分

积分过程可能会遇到波前奇异性，如果其中的波前奇异性在对 r 积分时出现了空间奇异性，那么这个奇异性就是双重奇异性。

$$
A_{w1} = \sqrt{c_w(t-t_1) - L} \quad A_{w2} = \sqrt{c_w(t-t_1) + L} \quad A_{w5} = c_w(t-t_1)
$$

$$
A_{w3} = \sqrt{c_w(t-t_2) - L} \quad A_{w4} = \sqrt{c_w(t-t_2) + L} \quad A_{w6} = c_w(t-t_2)
$$

（1）矩形域，即 $r_2 \geq L$ 时，所有时间积分可以计算如下。

$t_2 \neq t_{Lw}$ 时

$$Ii_{w1} = Ie_{w1} = \int_{t_1}^{t_2} e_w \Psi_1 \mathrm{d}\tau = \gamma_w \big[-A_{w6}\ln(A_{w6} - A_{w3}A_{w4}) - A_{w3}A_{w4} +$$

$$A_{w6}\ln(A_{w5} - A_{w1}A_{w2}) + A_{w1}A_{w2} \big] - \left[A_{w6}\gamma_w\ln\left(\frac{A_{w6}}{A_{w5}}\right) + 1 \right]$$

$$Ii_{w2} = Ie_{w2} = \int_{t_1}^{t_2} e_w \Psi_2 \mathrm{d}\tau = \big[A_{w5}\gamma_w\ln(A_{w6} - A_{w3}A_{w4}) + \gamma_w A_{w3}A_{w4} -$$

$$A_{w5}\gamma_w\ln(A_{w5} - A_{w1}A_{w2}) - \gamma_w A_{w1}A_{w2} \big] + \left[A_{w5}\gamma_w\ln\left(\frac{A_{w6}}{A_{w5}}\right) + 1 \right]$$

$$Ij_{w1} = \int_{t_1}^{t_2} j_w \Psi_1 \mathrm{d}\tau = \frac{1}{L}\left[\gamma_w(A_{w3}A_{w4} - A_{w1}A_{w2}) + \frac{A_{w5}}{A_{w1}A_{w2}} \right] - Ie_{w1}$$

$$Ij_{w2} = \int_{t_1}^{t_2} j_w \Psi_2 \mathrm{d}\tau = -\frac{1}{L}\left[\gamma_w(A_{w3}A_{w4} - A_{w1}A_{w2}) + \frac{A_{w6}}{A_{w3}A_{w4}} \right] - Ie_{w2}$$

$t_2 = t_{Lw}$ 时

$$Ii_{w1} = Ie_{w1} = \gamma_w \big[-A_{w6}\ln(A_{w6}) + A_{w6}\ln(A_{w5} - A_{w1}A_{w2}) + A_{w1}A_{w2} \big] -$$

$$\left[A_{w6}\gamma_w\ln\left(\frac{A_{w6}}{A_{w5}}\right) + 1 \right]$$

$$Ii_{w2} = Ie_{w2} = \big[A_{w5}\gamma_w\ln(A_{w6}) - A_{w5}\gamma_w\ln(A_{w5} - A_{w1}A_{w2}) - \gamma_w A_{w1}A_{w2} \big] +$$

$$\left[A_{w5}\gamma_w\ln\left(\frac{A_{w6}}{A_{w5}}\right) + 1 \right]$$

$$Ij_{w1} = \int_{t_1}^{t_2} j_w \Psi_1 \mathrm{d}\tau = \frac{1}{L}\left[-\gamma_w A_{w1}A_{w2} + \frac{A_{w5}}{A_{w1}A_{w2}} \right] - Ie_{w1}$$

$$Ij_{w2} = \overline{\int_{t_1}^{t_2} j_w \Psi_2 \mathrm{d}\tau} = \frac{\gamma_w}{L}A_{w1}A_{w2} - Ie_{w2}$$

（2）梯形域，即 $r_1 \leq L$ 时，积分计算如下。

$t_2 \neq t_{Lw}$ 时

$$Ii_{w1} = Ie_{w1} = \int_{t_1}^{t_2} e_w \Psi_1 \mathrm{d}\tau = -\frac{c_w\tau + c_w(t - t_2)\ln(t - \tau)}{c_w\Delta t}\bigg|_{\tau = t_1}^{\tau = t_2} = -\left[A_{w6}\gamma_w\ln\left(\frac{A_{w6}}{A_{w5}}\right) + 1 \right]$$

$$Ii_{w2} = Ie_{w2} = \int_{t_1}^{t_2} e_w \Psi_2 \mathrm{d}\tau = \frac{c_w\tau + c_w(t - t_1)\ln(t - \tau)}{c_w\Delta t}\bigg|_{\tau = t_1}^{\tau = t_2} = A_{w5}\gamma_w\ln\left(\frac{A_{w6}}{A_{w5}}\right) + 1$$

$$Ij_{w1} = -Ie_{w1}$$

$$Ij_{w2} = -Ie_{w2}$$

$t_2 = t_{Lw}$ 时

$$Ii_{w1} = Ie_{w1} = -1$$

$$Ii_{w2} = Ie_{w2} = -A_{w5}\gamma_w \ln(t - t_1) + 1$$

$$Ij_{w1} = -Ie_{w1} = 1$$

$$Ij_{w2} = -Ie_{w2} = A_{w5}\gamma_w \ln(t - t_1) - 1$$

（3）混合域积分，需要分两种情况分析。

1）当 $\tau \in [t_1, t_{Lw})$ 时是矩形域，只需将（1）中积分上限 t_2 全部由 t_{Lw} 替换即可。

2）当 $\tau \in [t_{Lw}, t_2]$ 时是梯形域，只需将（2）中积分下限值 t_1 全部由 t_{Lw} 替换即可。

时-空间奇异积分系数都已求出，将得到的结果可以直接代入式（4-49）确定 $\bar{fs}$。

在离散之前讨论了各种边界元的优劣以及适应性，确定了时间步长的合理范围，根据讨论制定出了离散方案，进行了时间和空间上的离散。时间上对面力采用常量元，其余量均采用线性元。边界和可疑塑性区的离散，边界上采用一维线性单元，内部可疑塑性区采用二维线性单元。边界积分方程随着时-空单元离散，也成为了离散形式。再将琐碎的单元影响系数按照时间节点及空间节点对号入座，组装成为总影响系数矩阵，将边界积分方程彻底转化为了非线性代数方程。最后进行了可能出现的奇异性的单元分析。本章通过三部分分析为全文构建了框架。

4.4 系数矩阵的组装与方程求解

4.4.1 影响系数矩阵的组装

4.4.1.1 单元影响系数矩阵的形成

A 对时间单元的组装

对于在时间上采用常量元离散的面力影响系数不需要对时间单元组装，其他采用线性元在各时间节点的影响系数，则需要将该时间节点两侧单元中对该节点影响系数相加，数学表达式如下

$$q_{ikl}^{(m;f,c)} = \begin{cases} q_{ikl}^{(m+1,1;f,c)} + q_{ikl}^{(m,2;f,c)} & m = 1, 2, 3, \cdots, M-1 \\ q_{ikl}^{(m,2;f,c)} & m = M \end{cases} \tag{4-51}$$

$$\bar{f}_{ijkl}^{(m;f,c)} = \begin{cases} \bar{f}_{ijkl}^{(m+1,1;f,c)} + \bar{f}_{ijkl}^{(m,2;f,c)} & m = 1, 2, 3, \cdots, M-1 \\ \bar{f}_{ijkl}^{(m,2;f,c)} & m = M \end{cases} \tag{4-52}$$

式中　$q_{ikl}^{(m,f,c)}$——时间上组装后塑性应变对源点位移的影响系数；

　　　$\bar{f}_{ijkl}^{(m,f,c)}$——时间上组装后塑性应变对源点应力的影响系数。

组装后可以得到源点 P 的单点边界积分方程对时间进行组装后的矩阵形式如下

$$[c]\{u\}^{M,P} = \sum_{e=1}^{n_e} (-[\bar{h}]^{MM,e}\{u\}^{M,e} + [g]^{MM,e}\{p\}^{M,e}) + \sum_{f=1}^{n_f} [q]^{MM,f}\{\varepsilon^p\}^{M,f} + \{a\}^{M,ef}$$

$$(4-53)$$

$$\{\sigma\}^{M,P} = \sum_{e=1}^{n_e} (-[s]^{MM}\{u\}^{M,e} + [d]^{MM,e}\{p\}^{M,e}) + \sum_{f=1}^{n_f} [f]^{MM,f}\{\varepsilon^p\}^{M,f} + \{b\}^{M,ef}$$

$$(4-54)$$

其中

$$\{a\}^{M,ef} = \sum_{m=0}^{M-1} \Big[\sum_{e=1}^{n_e} (-[\bar{h}]^{Mm,e}\{u\}^{m,e} + [g]^{Mm,e}\{p\}^{m,e}) + \sum_{f=1}^{n_f} [q]^{Mm,f}\{\varepsilon^p\}^{m,f} \Big]$$

$$\{b\}^{M,ef} = \sum_{m=0}^{M-1} \Big[\sum_{e=1}^{n_e} (-[s]^{Mm}\{u\}^m + [d]^{Mm}\{p\}^m) + \sum_{f=1}^{n_f} [\bar{f}]^{Mm,f}\{\varepsilon^p\}^{m,f} \Big]$$

$$[f]^{MM} = [\bar{f}]^{MM} + [f]^P$$

上述表达式中，上角标 Mm 表示所计算时刻 $t = M\Delta t$，脉冲作用时间节点为 $t_m = m\Delta t$；$[f]^P$ 中各元素 f_{ij}^P 表达式见式（4-15）。自由项 $[f]^P$ 只有在最后一个时间节点，即 $\tau = t$ 时的 P 点才存在，其他情况为零。相应单元各影响系数矩阵分别表示如下

$$[q]^{Mm,f}\{\varepsilon^p\}^{m,f} = [q_{ikl}^{(m,f,1)} \quad q_{ikl}^{(m,f,2)} \quad q_{ikl}^{(m,f,3)}] \begin{Bmatrix} \varepsilon_{kl}^{p(m;f,1)} \\ \varepsilon_{kl}^{p(m;f,2)} \\ \varepsilon_{kl}^{p(m;f,3)} \end{Bmatrix} \qquad (4-55)$$

$$[\bar{f}]^{Mm,f}\{\varepsilon^p\}^{m,f} = [\bar{f}_{ijkl}^{(m,f,1)} \quad \bar{f}_{ijkl}^{(m,f,2)} \quad \bar{f}_{ijkl}^{(m,f,3)}] \begin{Bmatrix} \varepsilon_{kl}^{p(m,f,1)} \\ \varepsilon_{kl}^{p(m,f,2)} \\ \varepsilon_{kl}^{p(m,f,3)} \end{Bmatrix} \qquad (4-56)$$

当 $m = M$ 时，以上所有节点影响系数只取时间段 $[t_{M-1}, t_M]$ 对节点 t_M 的影响系数。

B　对空间单元的组装

平面单元的组装，需要将区域内节点周围所有单元对该节点塑性应变影响系数求和。

对时间和空间组装后产生的单点矩阵代数方程组为

$$[h]^{MM}\{u\}^M = [g]^{MM}\{p\}^M + [q]^{MM}\{\varepsilon^p\}^M + \{a\}^M \qquad (4-57)$$

$$\{\sigma\}^M = -[s]^{MM}\{u\}^M + [d]^{MM}\{p\}^M + [f]^{MM}\{\varepsilon^p\}^M + \{b\}^M \qquad (4-58)$$

其中

$$\{a\}^M = \sum_{m=0}^{M-1} \left(-[\bar{h}]^{Mm}\{u\}^m + [g]^{Mm}\{p\}^m + [q]^{Mm}\{\varepsilon^p\}^m \right)$$

$$\{b\}^M = \sum_{m=0}^{M-1} \left(-[s]^{Mm}\{u\}^m + [d]^{Mm}\{p\}^m + [f]^{Mm}\{\varepsilon^p\}^m \right)$$

4.4.1.2 总矩阵方程的形成

当单位脉冲作用位置 P 点遍历所有边界节点，经过组装就形成了总体边界点位移边界积分方程的矩阵形式。

具体实施过程为：待所有影响系数解出后，按照时间节点和空间节点对号入座的方式放入总影响系数矩阵，本文程序采用边计算边组装的方式形成总影响系数矩阵。边界点的应力影响系数组装时，还需要考虑边界点应力计算矩阵。最终可以得到两个方程组，见式（4-59）和式（4-60）。

$$[H]^{MM}\{u\}^M = [G]^{MM}\{p\}^M + [Q]^{MM}\{\varepsilon^p\}^M + \{A\}^M \tag{4-59}$$

$$\{\sigma\}^M = -[S]^{MM}\{u\}^M + [D]^{MM}\{p\}^M + [F]^{MM}\{\varepsilon^p\}^M + \{B\}^M \tag{4-60}$$

其中

$$\{A\}^M = \sum_{m=0}^{M-1} \left(-[\bar{H}]^{Mm}\{u\}^m + [G]^{Mm}\{p\}^m + [Q]^{Mm}\{\varepsilon^p\}^m \right)$$

$$\{B\}^M = \sum_{m=0}^{M-1} \left(-[S]^{Mm}\{u\}^m + [D]^{Mm}\{p\}^m + [F]^{Mm}\{\varepsilon^p\}^m \right)$$

矩阵方程中的各影响系数矩阵和节点向量就成为了总影响系数矩阵和总节点向量。影响系数矩阵 Q 和 F 仍具有仅随 $M-m$ 的变化而变化的特点。

弹塑性动力学问题已经采用上述边界积分方程的代数方程组形式式（4-59）和式（4-60）描述，但这两个代数方程组是欠定的，尚需补充弹塑性本构关系。

4.4.2 弹塑性本构关系

由边界积分方程形成的两个代数方程组式（4-59）和式（4-60）具有非线性，使其成为欠定问题，有无穷多解。因此需要以材料的本构关系作为补充方程。此处仅以各向同性强化本构关系为例介绍如下。

4.4.2.1 基本关系

根据胡克定律，对于弹塑性问题，存在以下关系

$$\mathrm{d}\sigma_{ij} = E_{ijkl}\mathrm{d}\varepsilon_{kl}^{e} \tag{4-61}$$

$$\mathrm{d}\sigma_{ij}^{e} = E_{ijkl}\mathrm{d}\varepsilon_{kl} \tag{4-62}$$

$$\mathrm{d}\sigma_{ij}^{p} = E_{ijkl}\mathrm{d}\varepsilon_{kl}^{p} \tag{4-63}$$

$$d\varepsilon_{kl} = d\varepsilon_{kl}^e + d\varepsilon_{kl}^p \tag{4-64}$$

式中，$d\sigma_{ij}$ 为应力增量；$d\sigma_{ij}^e$ 为假想弹性应力增量；$d\sigma_{ij}^p$ 为假想塑性应力增量；$d\varepsilon_{kl}$ 为应变增量；$d\varepsilon_{kl}^e$ 为弹性应变增量；$d\varepsilon_{kl}^p$ 为塑性应变增量。因此，可以导出以下关系

$$d\sigma_{ij} = E_{ijkl}(d\varepsilon_{kl} - d\varepsilon_{kl}^e) = d\sigma_{ij}^e - d\sigma_{ij}^p \tag{4-65}$$

4.4.2.2 屈服条件

屈服条件是判断某点应力状态处于弹性和弹塑性的标准，在屈服前为弹性状态，屈服后为弹塑性状态。屈服条件分为初始屈服条件和后继屈服条件，假设初始屈服面方程为：

$$F(\sigma_{ij}, K) = f(\sigma_{ij}) - K = 0 \tag{4-66}$$

式中，$f(\sigma_{ij})$ 描绘了初始屈服面 $F(\sigma_{ij}, K)$ 的形状，K 决定了初始屈服面的大小。对于各向同性强化材料，其后继屈服面在加载过程中均匀膨胀，后继屈服面对初始屈服面的形状相似比为 $g(H)$，H 为强化参数，可取为塑性功或累计塑性应变。所以后继屈服面方程可以表示为

$$F(\sigma_{ij}, K) = f(\sigma_{ij}) - Kg(H) = f(\sigma_{ij}) - c(H) = 0 \tag{4-67}$$

$$H = W_p = \int \sigma_{ij} d\varepsilon_{ij}^p \tag{4-68}$$

定义等效塑性应变 ε_e^p 和等效应力 σ_e 使

$$\sigma_e d\varepsilon_e^p = \sigma_{ij} d\varepsilon_{ij}^p = dH \tag{4-69}$$

其中等效应力定义如下式

$$\sigma_e = f(\sigma_{ij}) \tag{4-70}$$

此时等效塑性应变为

$$d\varepsilon_e^p = \frac{\sigma_{ij}}{f(\sigma_{ij})} d\varepsilon_{ij}^p \tag{4-71}$$

当 $f(\sigma_{ij})$ 为 σ_{ij} 的一次齐次式时，有

$$\sigma_e = f(\sigma_{ij}) = \sigma_{ij} \frac{\partial f}{\partial \sigma_{ij}} \tag{4-72}$$

4.4.2.3 流动法则

流动法则反映了材料屈服后塑性应变发展方向与加载面的关系。对于各向同性硬化材料的流动法则一般为关联流动法则或正交流动法则。

关联流动法则可表达为

$$d\varepsilon_{ij}^p = \frac{\partial F}{\partial \sigma_{ij}} d\lambda = a_{ij} d\lambda \tag{4-73}$$

其中 $a_{ij} = \dfrac{\partial F}{\partial \sigma_{ij}} = \dfrac{\partial f}{\partial \sigma_{ij}}$，表示应力空间中加载面外法线分量。

将式（4-73）代入式（4-65），得应力增量

$$d\sigma_{ij}^{p} = E_{ijkl}a_{kl}d\lambda \tag{4-74}$$

4.4.2.4 一致性条件

反映了屈服面随着屈服程度的增加（即加载）在不断更新，能够保证材料的应力点始终位于屈服面上。

对式（4-67）进行微分得到一致性条件表达式

$$dF(\sigma_{ij},\ K) = a_{ij}d\sigma_{ij} - \frac{dc}{dH}dH = 0 \tag{4-75}$$

考虑到式（4-69）和式（4-73），可以得到

$$dH = \sigma_{ij}d\varepsilon_{ij}^{p} = \sigma_{ij}a_{ij}d\lambda \tag{4-76}$$

于是，

$$dF(\sigma_{ij},\ K) = a_{ij}d\sigma_{ij} - \frac{dc}{dH}\sigma_{ij}a_{ij}d\lambda = 0 \tag{4-77}$$

将式（4-65）代入式（4-77），并结合式（4-63）和式（4-73），解出

$$d\lambda = \frac{1}{\gamma}a_{ij}d\sigma_{ij}^{e} \tag{4-78}$$

式中，$\gamma = a_{ij}E_{ijkl}a_{kl} + \dfrac{dc}{dH}\sigma_{ij}a_{ij} = a_{ij}E_{ijkl}a_{kl} + H'$。$H'$ 具有实际物理意义，表示单向拉伸时，应力与塑性应变关系曲线的切线斜率。

应力增量与弹性应力增量关系可以通过式（4-65）、式（4-74）和式（4-78）得到，如下式

$$d\sigma_{ij} = d\sigma_{ij}^{e} - \frac{1}{\gamma}E_{ijmn}a_{mn}a_{kl}d\sigma_{kl}^{e} \tag{4-79}$$

各向同性强化弹塑性本构关系为

$$d\sigma_{ij} = \left(E_{ijkl} - \frac{1}{\gamma}E_{ijmn}a_{mn}a_{op}E_{opkl}\right)d\varepsilon_{kl} \tag{4-80}$$

如用应力增量表示应变增量，式（4-61）式（4-80）分别可改写为式（4-81）和式（4-82）

$$d\varepsilon_{kl}^{e} = D_{klij}d\sigma_{ij} \tag{4-81}$$

$$d\varepsilon_{kl} = D'_{klij}d\sigma_{ij} \tag{4-82}$$

式中，D_{klij} 与 D'_{klij} 分别表示应力增量与弹性应变增量和应变增量相关的柔度系数。

由式（4-81）、式（4-82）和式（4-64）、可得应力增量与塑性应变增量的关系式

$$\mathrm{d}\varepsilon_{kl}^p = (D'_{klij} - D_{klij})\mathrm{d}\sigma_{ij} \tag{4-83}$$

4.4.2.5 双折线强化弹塑性本构关系

接下来采用一种特殊的各向同性线性强化本构模型–双线性弹塑性本构模型–进行计算, 采用 Mises 屈服条件, 其中, Mises 等效应力见式 (4-84) 和 (4-85), 屈服函数见式 (4-86)。

平面应力问题 Mises 等效应力

$$\sigma_{eq} = \sqrt{\sigma_{11}^2 + \sigma_{22}^2 - \sigma_{11}\sigma_{22} + 3\sigma_{12}^2} \tag{4-84}$$

平面应变问题 Mises 等效应力

$$\sigma_{eq} = \frac{\sqrt{3}}{2}\sqrt{(\sigma_{11} - \sigma_{22})^2 + 4\sigma_{12}^2} \tag{4-85}$$

屈服函数

$$F(\sigma_{ij},\ \varepsilon^p) = \sigma_{eq} - (\sigma_s + H'\varepsilon^p) = 0 \tag{4-86}$$

式中, $H' = \dfrac{EE_t}{E - E_t}$, E 为弹性模量, E_t 为切线模量。

当材料处于弹性状态或卸载状态, 式 (4-81) 可以表示为

$$\{\Delta\varepsilon^e\} = [D_e]\{\Delta\sigma\} \tag{4-87}$$

其中, $\{\Delta\varepsilon^e\}$、$[D_e]$、$\{\Delta\sigma\}$ 分别为弹性应变增量向量、应力增量向量和与弹性模量 E 相关的柔度矩阵。$[D_e]$ 表达式如下

$$[D_e] = \begin{bmatrix} \dfrac{1-\nu^2}{E} & 0 & -\dfrac{\nu(1+\nu)}{E} \\[3mm] 0 & \dfrac{1+\nu}{E} & 0 \\[3mm] -\dfrac{\nu(1+\nu)}{E} & 0 & \dfrac{1-\nu^2}{E} \end{bmatrix} \tag{4-88}$$

在弹塑性加载状态下, 式 (4-82) 可以表示为

$$\{\Delta\varepsilon\} = [D_t]\{\Delta\sigma\} \tag{4-89}$$

其中, $[D_t]$ 表示与切线模量 E_t 相关的柔度矩阵, 表示如下

$$[D_t] = \begin{bmatrix} \dfrac{1-\nu^2}{E_t} & 0 & -\dfrac{\nu(1+\nu)}{E_t} \\[3mm] 0 & \dfrac{1+\nu}{E_t} & 0 \\[3mm] -\dfrac{\nu(1+\nu)}{E_t} & 0 & \dfrac{1-\nu^2}{E_t} \end{bmatrix} \tag{4-90}$$

因此，式（4-83）可以表示为

$$\{\Delta\varepsilon^p\} = \{\Delta\varepsilon\} - \{\Delta\varepsilon^e\} = ([D_t] - [D_e])\{\Delta\sigma\} = [D_{et}]\{\Delta\sigma\} \quad (4-91)$$

其中，$[D_{et}]$ 定义如下

$$[D_{et}] = \begin{bmatrix} \dfrac{1-\nu^2}{H'} & 0 & -\dfrac{\nu(1+\nu)}{H'} \\ 0 & \dfrac{1+\nu}{H'} & 0 \\ -\dfrac{\nu(1+\nu)}{H'} & 0 & \dfrac{1-\nu^2}{H'} \end{bmatrix} \quad (4-92)$$

至此，弹塑性动力学问题的时域边界元法基本公式已经完备。

对于其他非线性本构的材料，只需要得到形如式（4-92）的应力增量与塑性应变增量的关系即可，此处不再赘述。

4.4.3 方程求解

4.4.3.1 矩阵方程组的整理

式（4-59）和式（4-60）中的节点位移和面力向量，未知量和已知量是混合的。为了方便求解，首先对该二式进行整理，得到未知量和已知量的分离形式。

（1）将得到的两个矩阵方程中所有边界未知量放在 $\{u^M\}$ 的位置，已知量放在 $\{p^M\}$ 的位置，形成未知向量 $\{x^M\}$ 与未知向量 $\{x_0^M\}$，同时，$[H]$、$[S]$ 应分别与 $[G]$、$[D]$ 的相应列也改变符号交换位置形成新的矩阵 $[A_1^{MM}]$、$[A_2^{MM}]$ 与 $[A_3^{MM}]$、$[A_4^{MM}]$，整理后可以得到如下两式

$$\begin{cases} [A_1^{MM}]\{x^M\} = \{y^M\} + [Q^{MM}]\{\varepsilon^{pM}\} \\ \{\sigma^M\} = -[A_3^{MM}]\{x^M\} + \{z^M\} + [F^{MM}]\{\varepsilon^{pM}\} \end{cases} \quad (4-93)$$

其中

$$\{y^M\} = [A_2^{MM}]\{x_0^M\} + \{A^M\}$$
$$\{z^M\} = [A_4^{MM}]\{x_0^M\} + \{B^M\}$$

（2）将位移矩阵方程中的未知向量 $\{x^M\}$ 表示出来，并代入应力矩阵方程，再进行整理，可以得到未知量和已知量的分离形式，见式（4-94）。

$$\begin{cases} \{x^M\} = [R^{MM}]\{\varepsilon^{pM}\} + \{Y^{MM}\} \\ \{\sigma^M\} = [T^{MM}]\{\varepsilon^{pM}\} + \{Z^{MM}\} \end{cases} \quad (4-94)$$

其中

$$[R^{MM}] = [A_1^{MM}]^{-1}[Q^{MM}]$$
$$\{Y^M\} = [A_1^{MM}]^{-1}\{y^M\}$$

$$[T^{MM}] = [F^{MM}] - [A_3^{MM}][R^{MM}]$$

$$\{Z^M\} = \{z^M\} - [A_3^{MM}]\{Y^M\}$$

4.4.3.2　求解策略

由于动力响应除受到荷载影响之外，还会受到位移、速度、加速度等影响，增量往往不易预测，即使在一个时间增量步不加载，动力响应也可能增加。为了处理材料加载时由弹性状态向塑性状态过渡过程中应力应变曲线斜率的不连续性，采用了对过渡期时间间隔内响应细分的特殊处理方法，可称为二次分段法。每个时间间隔内的分段数量取决于计算精度要求，使每段动力响应增量成为微量，保证计算出的每个子时间间隔内的材料力学行为，与材料本构关系保持一致。最后再对每段计算结果求和得到该时间步的总响应增量。对于某点未屈服或已屈服点的卸载情况，即实际应力小于屈服应力或后继屈服应力，按照弹性计算。为了能够直接求解结果，不需迭代计算，本文将采用隐式算法。

首先要给出式（4-94）的增量格式，对于 M 时刻的应力增量格式表示如下

$$\{\sigma\}^M = \{\sigma\}^{M-1} + \{\Delta\sigma\}^M \tag{4-95}$$

式中

$$\{\Delta\sigma\}^M = \sum_{i=1}^n \{\Delta\sigma\}_i^M$$

$$\{\Delta\sigma\}_i^M = \frac{1}{n}[T]_{pi}^{-1}(\{Z\}_i^M + \{Re\})$$

$$[T]_{pi} = [I] - [T]^{MM}[D]_{pi}$$

$$\{\Delta Z\}^M = \frac{\{Z\}^M - \{Z\}^{M-1}}{n}$$

$$\{Re\} = [T]^{M-1,M-1}\{\varepsilon^p\}^{M-1} + \{Z\}^{M-1} - \{\sigma\}^{M-1}$$

其中，$[I]$ 是单位矩阵，n 为二次分段数；$[D]_{pi}$ 是一个以 $[D]_{et}$ 或 3×3 的 **0** 矩阵为对角子矩阵的准对角矩阵，两个子矩阵分别对应于屈服点和不屈服点；$\{Re\}$ 是防止计算误差累积而引入的残值向量。

类似地，获得第 M 个时间步的塑性应变，如下所示：

$$\{\varepsilon^p\}^M = \{\varepsilon^p\}^{(M-1)} + \{\Delta\varepsilon^p\}^M \tag{4-96}$$

式中，$\{\Delta\varepsilon^p\}^M = \sum_{i=1}^n [D]_{pi}\{\Delta\sigma\}_i^M$。

到目前为止，第 M 个时间步中的计算已经完成，可以进行下一个时间步的计算，依次计算，直到最后一个时间步。

本节通过将琐碎的单元影响系数按照时间节点及空间节点对号入座，组装成为总影响系数矩阵，确定了时域边界元法处理弹塑性动力学问题所需的矩阵代数

方程组。由于问题的非线性，弹塑性问题比弹性问题处理起来复杂得多，从未知量和方程个数分析，上述矩阵代数方程组是欠定的，尚需通过弹塑性本构关系作为补充方程。本文采用双折线弹塑性本构关系，对很多问题的模拟都可以达到很理想效果。进行方程的求解之前，所有边界点未知量用边界点的位移矩阵方程表示，再代入到应力的矩阵方程中，得到新的应力矩阵，结合本构关系，采用隐式求解。当所有边界点和可疑塑性区未知量求出之后，再利用内点位移和应力代数方程求解所需内点的位移和应力。

4.5 非节点位移与应力计算

当边界上的所有未知量（面力和位移）和塑性域中的所有未知量（塑性应变）都已求出时，非塑性域中内点的位移和内点的应力由下列方程求解，没有任何奇异性：

$$\{u\}_P^M = \sum_{m=0}^{M} \left(-[\overline{H}]^{Mm}\{u\}^m + [G]^{Mm}\{p\}^m + [Q]^{Mm}\{\varepsilon^p\}^m \right) \qquad (4-97)$$

$$\{\sigma\}_P^M = \sum_{m=0}^{M} \left(-[S]^{Mm}\{u\}^m + [D]^{Mm}\{p\}^m + [F]^{Mm}\{\varepsilon^p\}^m \right) \qquad (4-98)$$

注意：上述两式用来求解非节点位移与应力，未进行任何关于空间奇异性的处理，不可用于节点未知量的计算。

4.6 计算简例

这部分给出三个计算简例，分别是一维杆承受端部突加均布荷载、两端固结深梁上表面承受突加均布荷载、含孔洞的无限大域承受爆破双指数径向均布荷载。材料参数如下：密度 $\rho = 7.9 \times 10^3 \text{kg/m}^3$，弹性模量 $E = 2.1 \times 10^{11} \text{Pa}$，切线模量 $E_t = 1.0 \times 10^{11} \text{Pa}$，屈服应力 $\sigma_s = 2.1 \times 10^8 \text{Pa}$，泊松比的取值详见各简例。

4.6.1 一维杆

一维杆计算简图如图 4-6 所示，$a = 2\text{m}$，对 $A(a, a/4)$、$B(a/2, a/4)$、$C(0, a/4)$ 三点进行了计算；突加荷载 $p(t) = 200\text{MPa}$，$t \geq 0$，如图 4-7 所示。材料泊松比采用 $\nu = 0$，P 波波速可以计算得到，$c_d = 5156\text{m/s}$。边界元模型如图 4-8所示，整个几何域采用了 256 个 3 结点三角形域单元和 48 个直线边界单元离散，产生了 105 个域内结点和 48 个边界结点，时间步长采用 2×10^{-5} s。计算结果与有限元法（FEM）进行了对比，FEM 计算时采用了 0.02m×0.02m 的平面 4 结点单元和 0.5×10^{-5} s 的时间步长。计算了三个周期的瞬态响应，A、B、C 三点的计算结果如图 4-9 所示，为了对比更直观，将相应的弹性解析解[7]绘制在了图中。

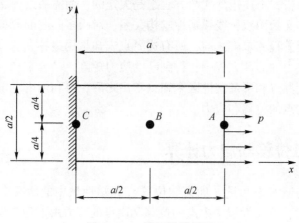

图 4-6   一维杆计算简图

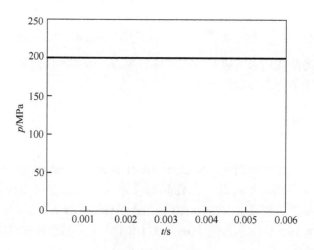

图 4-7   突加荷载简图

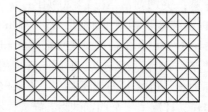

图 4-8   边界元模型

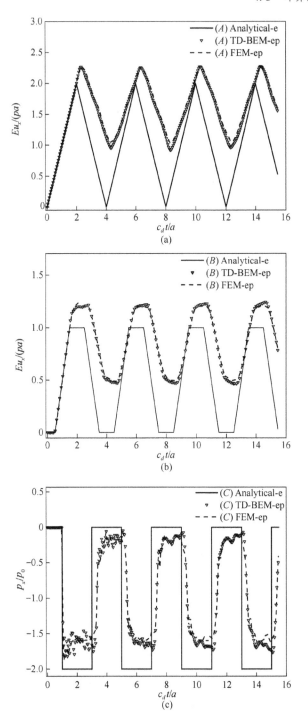

图 4-9 TD-BEM 与 FEM 弹塑性计算结果

（a）A 点 x 向位移；（b）B 点 x 向位移；（c）C 点 x 向面力

4.6.2　两端固结梁

两端固结梁计算简图如图 4-10 所示，$a = 2m$，对 $D(a, 0)$ 点进行了计算；突加荷载 $p(t) = 200MPa$，$t \geqslant 0$，如图 4-7 所示。材料泊松比采用 $\nu = 0.3$，P 波波速可以计算得到，$c_d = 5982m/s$。边界元模型采用了半结构，如图 4-11 所示。边界元与有限元的网格离散及时间步长的选取同 4.6.1 节。计算了两个周期的瞬态响应，D 三点的计算结果如图 4-12 所示，为了对比更直观，将相应的弹性结果绘制在了图中。

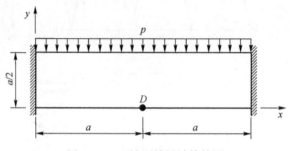

图 4-10　两端固结梁计算简图

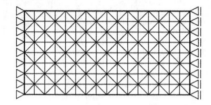

图 4-11　边界元模型

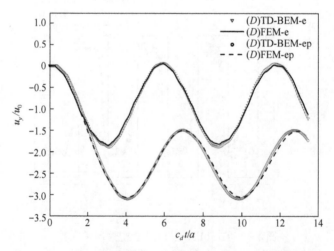

图 4-12　D 点 y 向位移的 TD-BEM 与 FEM 弹塑性计算结果

4.6.3 无限域孔洞

无限域孔洞计算简图如图 4-13 所示，$r_0 = 1\text{m}$，沿孔洞作用均布径向爆破双指数荷载，荷载 $p(t) = kp_0(\mathrm{e}^{-mt} - \mathrm{e}^{-nt})$（其中 $k = 1.435$，$m = 1279$，$n = 12792$，$p_0 = 300\text{MPa}$），时程曲线如图 4-14 所示。材料泊松比采用 $\nu = 0.3$，P 波波速可以计算得到，$c_d = 5982\text{m/s}$。边界元模型如图 4-15 所示，将 $1\text{m} \leqslant r \leqslant 2\text{m}$ 的环形范围作为可疑塑性区，圆环采用 180 个 3 结点三角形域内单元离散，孔洞内边界采用了 30 个线性边界单元离散，时间步长采用 $3\times10^{-5}\text{s}$。有限元模型内径为 $r_0 = 1\text{m}$，为了防止反射波的影响，外径采用 $R = 100\text{m}$，采用不大于 0.25m 的四结点平面单元离散，时间步长为 $1\times10^{-5}\text{s}$。计算了 $r = 2\text{m}$ 和 $r = 8\text{m}$ 处点的结果分别如图 4-16 和图 4-17 所示，为了对比更直观，将相应的弹性解析解[8]绘制在了图中。

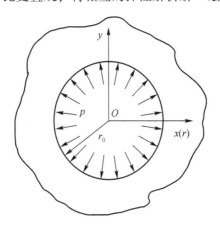

图 4-13　无限域孔洞计算简图

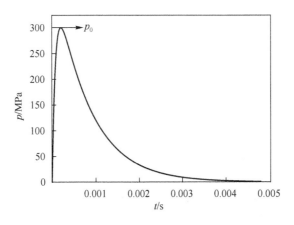

图 4-14　爆破双指数荷载时程曲线

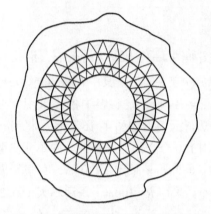

图 4-15 无限域孔洞问题边界元模型

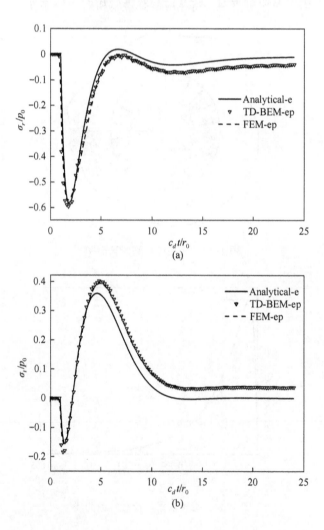

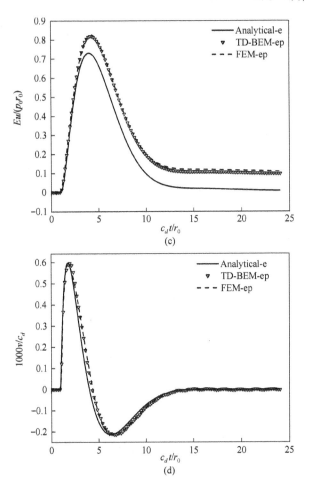

图 4-16 $r=2$m 处点 TD-BEM 与 FEM 弹塑性计算结果
(a) 径向应力；(b) 环向应力；(c) 径向位移；(d) 径向速度

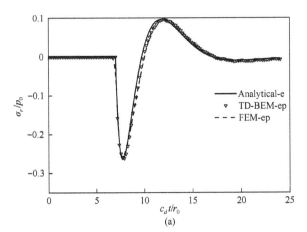

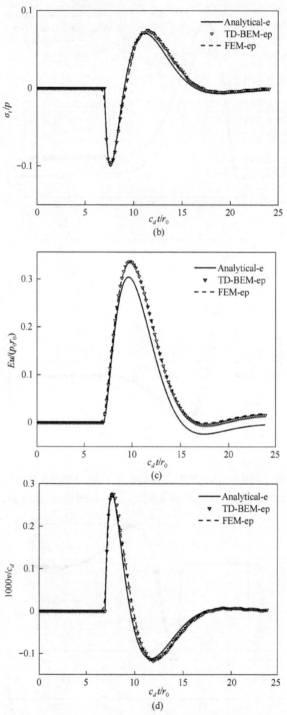

图 4-17　$r=8\mathrm{m}$ 处点 TD-BEM 与 FEM 弹塑性计算结果
(a) 径向应力；(b) 环向应力；(c) 径向位移；(d) 径向速度

在分析初应变法弹塑性动力学分析 TD-BEM 中塑性应变影响系数矩阵 $\boldsymbol{Q}$ 和 $\boldsymbol{F}$ 中单元奇异性的基础上，利用 Hadamard 主值原理对奇异性进行了全面的解析处理。研究得出以下结论：

（1）直接利用 Hadamard 积分原理，消除了矩阵 $\boldsymbol{Q}$ 和 $\boldsymbol{F}$ 非对角子矩阵元素的波前奇异性。找到了矩阵 $\boldsymbol{F}$ 中影响对角子矩阵元素奇异性（空间奇异性与双重奇异性）的基本系数（d_w，e_w，i_w，j_w 和 Id_{wa}，Ie_{wa}，Ii_{wa}，Ij_{wa}），并用 Hadamard 主值积分原理进行了解析求解。

（2）本书提出的弹塑性动力学 TD-BEM 中奇异性处理方法是一种基于动力学的方法，而刚体位移法则是基于弹性静力学概念，从概念上，本书方法更为合理。同时，所提出的奇异性处理方法有别于初始应力扩展法（Initial Stress Expansion Technique）和常应变场法（Method of the Constant Strain Fields），其中后者需要在整个区域内进行离散。本书方法只需要离散边界和塑性区域，因此，保持了 TD-BEM 离散量小、精度高的固有优势。

（3）对弹塑性动力学分析 TD-BEM 公式中奇异点的处理在数学上是严格成立的，几乎没有计算误差。

（4）奇异点的解析处理方法丰富了弹塑性动力学问题 TD-BEM 的算法理论。

参考文献

[1] TELLES J C F. The boundary element method applied to inelastic problems [M]. Lecture Notes in Engineering, Vol. 1. Berlin: Springer-Verlag, 1983.

[2] LI H J, LEI W D, ZHOU H, et al. Analytical treatment on singularities for 2-d elastoplastic dynamics by time domain boundary element method using hadamard principle integral [J]. Engineering Analysis with Boundary Elements, 2021, 129: 93-104.

[3] BANERJEE P K, HENRY D P, RAVEENDRA S T. advanced inelastic analysis of solids by the boundary element method [J]. International Journal of Mechanical Sciences, 1989, 31 (4): 309-322.

[4] TELLES J C F, BREBBIA C A. On the application of the boundary element method to plasticity [J]. Applied Mathematical Modelling, 1979, 3 (6): 466-470.

[5] HADAMARD J. Lectures on Cauchy's problem in linear partial differential equations [M]. New York: Dover Publications, 1952.

[6] LI H J, LEI W D, CHEN R, et al. A study on boundary integral equations for dynamic elastoplastic analysis for the plane problem by td-bem [J]. Acta Mechanica Sinica, 2021, 37 (4): 662-678.

[7] BECKENBACH E. Modern Mathematics for the Engineer [M]. Mcgraw-Hill Book Company, Inc, 1961: 82-84.

[8] CHOU P C, KOENIG H A. A unified approach to cylindrical and spherical elastic waves by method of characteristics [J]. Journal of Applied Mechanics, 1966, 33 (1): 159-167.